# BRUNO 多功能電烤盤

操作簡單 × 清洗容易

## —100 道料理—

所有菜色！
一台搞定

IDEA INTERNATIONAL CO., LTD. ／監修

黃川田としえ・阪下千惠・柴田真希 ／料理

徐瑜芳／譯

# 前言

早、中、晚
一般日子和特別日子
都能輕鬆使用！

書中也有適合多人的
「大尺寸電烤盤」
食譜！

BRUNO多功能電烤盤在年輕女性中非常受歡迎，本書中收錄了許多作法輕鬆，且兼具美味與時尚的食譜，還有依早、中、晚餐分門別類介紹。適用於多人的食譜同時也有附上使用「大尺寸電烤盤」製作的小筆記。不論是和朋友的午餐、週末派對，或是一般的家庭料理都可以使用。就讓各種時刻都能使用的電烤盤食譜，陪你度過愉快的時光吧！

\ 料理家的意見 /
## 我喜歡 BRUNO 的理由！

**黃川田としえ小姐**
機體顏色的選擇豐富又時尚！可以和孩子們一起做各式各樣不同的料理，用餐時間變得非常開心。

**阪下千惠小姐**
和家人、朋友一起吃飯的時候，只要有BRUNO多功能電烤盤，就能輕鬆地讓餐桌上的菜色看起來非常豐盛。我特別喜歡那種「熱騰騰，剛做好！」的感覺，讓人覺得很興奮。而且外型設計十分輕巧，方便收納又可愛，放在容易拿取的地方，使用起來也很便利。

**柴田真希小姐**
因為BRUNO多功能電烤盤可以直接在餐桌上進行調理，所以能有效地利用時間。除了讓每天煮飯的忙碌過程更便利之外，開派對的時候也能一邊調理，一邊招待客人。即使是簡單的料理，在眼前做好的感覺就是特別不一樣。出色的外觀設計也能為溫馨的餐桌增添一抹時尚感，讓隨手做出來的料理看起來更加豪華。

## 來自 IDEA INTERNATIONAL CO., LTD. 的話

BRUNO多功能電烤盤可以像室內擺設般為每天的餐桌增添色彩，還可以輕鬆享受製作各種料理的樂趣。希望能藉由本書及電烤盤，讓各位的餐桌每天都更加精彩可期！

# CONTENTS

# PART.1
# 用電烤盤在家製作 咖啡店般的 早餐

## 隨手就能完成的時尚西式餐點

## 越吃越上癮 亞洲風味etc. 多國料理

## 味道特別的和風拌飯

## 令人感到開心的晨間溫暖湯品

## 早餐就能吃到溫暖幸福的甜點

# CONTENTS

_Yummy!_

_Let's eat!_

**本書的使用方式**

- 本書中收錄的食譜都是使用「BRUNO多功能電烤盤」製作的。
- 除了主機搭配的「平面烤盤」、「章魚燒烤盤」之外，還有介紹使用選購配件「陶瓷料理深鍋」的食譜。
- 使用中・使用後的電烤盤非常燙，請注意不要被燙傷。另外，油可能會四處噴濺，倒入油類時要確認烤盤中有沒有水分。
- 「BRUNO多功能電烤盤」的使用方式請遵照隨附的說明書。
- 1大匙為15㎖，1小匙為5㎖，1杯為200㎖。
- 本書使用的微波爐瓦數為600W。如果家用微波爐的瓦數為500W，則時間為1.2倍；如果瓦數為700W，則時間為0.8倍，請以此為標準調整加熱時間。
- 調理時間、溫度、火力、材料的人數標示均僅供參考。

_Shiso Cheese Corn_

Let's cooking!

# BRUNO多功能
# 電烤盤的使用方式

購買BRUNO多功能電烤盤的主機還會搭配一些「基本配件」。
以下為配件的內容及特徵介紹。
就用這些道具幫助你展開愉快的電烤盤生活吧！

基本配件的
內容
在這邊！

**鍋蓋**
附有好拿又可愛的
金色手柄。

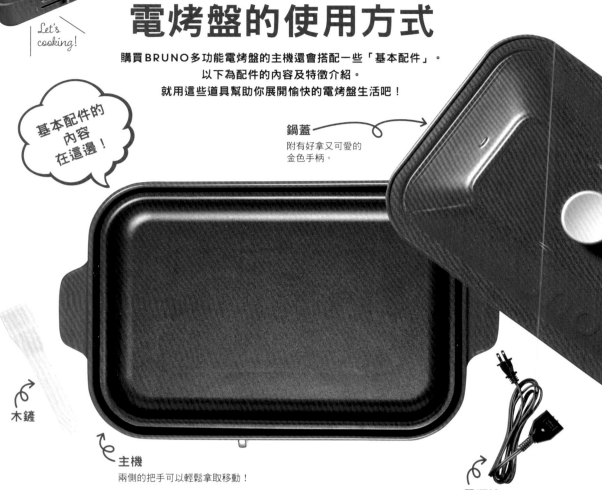

**木鏟**

**主機**
兩側的把手可以輕鬆拿取移動！

**電源線**

**平面烤盤**
適合製作2～3人份料理的尺寸！

**章魚燒烤盤**
4×6列，可製作大顆24個份！

基本配件包含平面及章魚燒2種烤盤。2種烤盤都有氟素樹脂塗層，不易燒焦沾鍋，清理保養也很簡單！主機的基本顏色有4種：紅色、白色、海軍藍、珍珠粉，除此之外，還有其他季節限定的顏色。

| 白色 | 海軍藍 | 珍珠粉 |

機體尺寸：W37.5×H14.0×D23.5cm　重量：2.3kg（使用平面烤盤及鍋蓋時）、2.3kg（使用章魚燒烤盤時）　包裝尺寸：W27.6×H18.0×D41.0cm　包裝總重量：4kg　※包裝尺寸有可能會變更。　材質：機身為不鏽鋼／酚醛樹脂　烤盤：鋁合金（內層為氟素樹脂塗層）　配件：平面烤盤、章魚燒烤盤、木鏟、可拆式電源線　功率：1200W　規格：替換式烤盤、溫度調節（65～250°C）、安全裝置（恆溫調節器／溫度保險絲）　電壓：AC100V

# BRUNO多功能電烤盤的便利之處！

### 橫移式溫度調節桿，可調整溫度範圍為保溫（65℃）〜250℃

溫度調節桿沒有分段，無論是想讓料理上色或用細火慢燉，都可調整火力。參考溫度如下：
【WARM保溫】65〜80℃
【LOW低檔】100〜130℃
【MED中檔】160〜200℃
【HI高檔】190〜250℃

### 拆卸、組裝都很簡單的可拆式電源線

單手就能輕鬆拆卸，在廚房及餐桌之間拿取移動也很順暢。萬一不小心勾到也容易鬆脫。沒有使用時，將電源線拆下就能整齊地收納。

### 使用配件的木鏟輕鬆替換烤盤

木鏟除了調理時使用之外，拿取烤盤時也很方便。只要將木鏟插入烤盤與機體之間再往上抬就可以了。

### 構造簡單，方便清理保養

以氟素樹脂處理過的烤盤能夠讓食材不易燒焦，也不容易沾黏髒汙。可以整片拆下來清洗，令人在意的油汙也能洗得清潔溜溜，常保清潔。

## 使用選購配件，選擇更多更有趣

除了基本配件的平面烤盤及章魚燒烤盤外，還有其他各式各樣的烤盤可以選購，本書中有使用到其中一種的「陶瓷料理深鍋」。因為有一定的深度，所以也能享受煮湯和火鍋的樂趣！其他配件的選擇也很豐富，詳見P.124的介紹。

### 陶瓷料理深鍋

尺寸：W40.5×H7.0×D24.2cm
重量：0.9kg　材質：鋁合金（內層為陶瓷塗層）／酚醛樹脂／不鏽鋼

## 還有大尺寸的選擇

本書使用的「輕巧型電烤盤」適合製作2〜3人份的料理。派對等場合建議使用尺寸更大的「大尺寸電烤盤」。

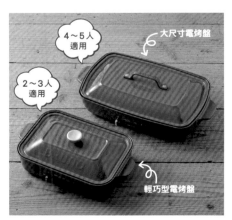

4〜5人適用　大尺寸電烤盤
2〜3人適用
輕巧型電烤盤

平面烤盤　大尺寸
輕巧型型電烤盤的1.5倍
輕巧型
A4尺寸

尺寸比較
章魚燒烤盤　大尺寸　大顆35個
輕巧型
大顆24個

# 現烤的甘甜香氣好幸福
# 電烤盤早餐

## 烤蘋果及鬆餅

食譜在 P.14

光是看到鬆餅在眼前慢慢膨脹就令人興奮不已。
搭配酸甜的烤蘋果及奶油，再淋上滿滿的楓糖漿。
有了這樣的早餐，似乎就能展開愉快的一天！

# 和志同道合的夥伴一起分享
# 電烤盤午餐

**泰國風味炒烏龍** 食譜在 P.14

酸酸甜甜讓人上癮的泰式風味炒烏龍。
可依自己的喜好酌量取用,非常適合氣氛輕鬆的午餐。
用電烤盤保溫的話,續盤時也能開心地吃到熱騰騰的炒烏龍!

# 一邊聊天一邊愉快地準備
# 電烤盤晚餐

## 蜂蜜芥末烤雞＆烤蔬菜　食譜在 P.15

身為主角的主菜，
也只要事先將肉醃好再拿上桌烤就可以了！
帶點芥末的大人口味，很適合配酒享用。

Yummy!

# 烤蘋果及鬆餅 ⇨P.8

倒入麵糊後蓋上鍋蓋，就能烤出濕潤蓬鬆的鬆餅。
蘋果烤好後稍微撒點砂糖，搭配鬆餅一起享用吧。

## 材料（2～3人份）

| | |
|---|---|
| 低筋麵粉 | 200g |
| 泡打粉 | 2小匙 |
| 蛋 | 1個 |
| 牛奶 | 160ml |
| 砂糖 | 50g |
| 沙拉油 | 2大匙 |
| 香草油（沒有的話也可用香草精） | 少許 |

〈烤蘋果〉

| | |
|---|---|
| 蘋果 | 1/2個 |
| 砂糖 | 2大匙 |
| 奶油、楓糖漿（依喜好添加） | 適量 |

Let's eat!

## 作法

1 將蘋果去皮、去芯之後，切成2cm寬的瓣狀。
2 將低筋麵粉及泡打粉混合後，篩入缽盆裡，並在中央挖一個凹洞。
3 在另一個缽盆中放入蛋及牛奶，用打蛋器攪拌均勻，接著加入砂糖、沙拉油、香草油攪拌均勻。
4 將**3**分成2次加入**2**中，每次加入時都要用打蛋器攪拌混合。混合至一定程度後換成橡皮刮刀，將整體拌至沒有粉粒的狀態。
5 使用**平面烤盤**，以（**LOW**）加熱，用湯匙倒入2片直徑10cm左右的**4**的麵糊，蓋上鍋蓋。當麵糊表面開始冒泡，另一面出現漂亮的焦色時再翻面。
6 取下鍋蓋，將鬆餅的另一面也煎至上色。剩餘的麵糊也用同樣的方式製作，共煎6片。
7 在烤盤剩餘的空間放上**1**的蘋果，兩面都煎熟後撒上砂糖。
8 盛入盤中，依喜好添加奶油，淋上楓糖漿。

# 泰國風味炒烏龍 ⇨P.10

使用熟凍烏龍麵就能輕鬆完成的泰式風味炒烏龍。調理重點是綜合調味料、
櫻花蝦、花生米及香菜。依喜好擠入一點檸檬汁，就更有南洋風情了！

## 材料（2～3人份）

| | |
|---|---|
| 豬五花肉片 | 150g |
| 豆芽菜 | 1包 |
| 韭菜 | 1/2把 |
| 香菜 | 5根 |
| 大蒜 | 1/2瓣 |
| 花生米 | 2大匙 |

（接續下頁）

## 作法

1 將豬五花肉片、韭菜、香菜切成3cm寬。大蒜、花生米切成粗末。在蛋中加入少許的鹽並打散。
2 使用**平面烤盤**，以（**MED**）加熱，加入1大匙沙拉油後，倒入蛋液製作成炒蛋再取出。
3 在烤盤中加入1大匙沙拉油，放入大蒜、豬五花肉片煎熟，再加入熟凍烏龍麵、豆芽菜、韭菜、櫻花蝦拌炒。（接續下頁）

| | |
|---|---|
| 蛋 | 2個 |
| 熟凍烏龍麵 | 2球 |
| 櫻花蝦 | 2大匙（15g） |
| 酒 | 1大匙 |
| 鹽 | 少許 |

| A | 魚露 | 1又1/2大匙 |
|---|---|---|
| | 蠔油 | 1又1/2大匙 |
| | 番茄醬 | 1大匙 |
| | 醋 | 1大匙 |
| | 砂糖 | 2小匙 |

| | |
|---|---|
| 沙拉油 | 2大匙 |
| 檸檬（依喜好添加） | 1/2個 |

4 灑上酒並加入鹽繼續拌炒，等味道均勻融合後加入 **A** 的調味料拌勻。

5 放上 **2** 的炒蛋及 **1** 的香菜，再撒上花生米。分別盛入個人盤中後，可依喜好擠點檸檬汁。

─── 使用大尺寸電烤盤製作時 ───

將材料改成以下分量製作（4～5人份）。豬五花肉片220g、豆芽菜1包、韭菜1把、香菜8根、大蒜1瓣、花生米3大匙、蛋3個、熟凍烏龍麵3球、櫻花蝦3大匙、酒1又1/2大匙、鹽少許、 **A**（魚露略少於2大匙、蠔油略少於2大匙、番茄醬1又1/2大匙、醋1大匙、砂糖1大匙）、沙拉油2又1/2大匙、檸檬（依喜好添加）1/2～1個

# 蜂蜜芥末烤雞&
# 烤蔬菜 ⇨P.12

厚切雞肉裹上鹹甜醬汁，味道和分量都讓人感到十分滿足。
可加入喜歡的蔬菜一起煎烤，顧及營養均衡。

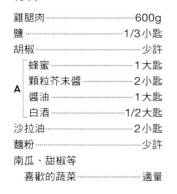

Topping

**材料**（3～4人份）

| | |
|---|---|
| 雞腿肉 | 600g |
| 鹽 | 1/3小匙 |
| 胡椒 | 少許 |

| A | 蜂蜜 | 1大匙 |
|---|---|---|
| | 顆粒芥末醬 | 2小匙 |
| | 醬油 | 1大匙 |
| | 白酒 | 1/2大匙 |

| | |
|---|---|
| 沙拉油 | 2小匙 |
| 麵粉 | 少許 |
| 南瓜、甜椒等 喜歡的蔬菜 | 適量 |

**作法**

1 將雞肉去除多餘的脂肪後切成5cm塊狀，以鹽及胡椒調味。

2 將 **A** 混合備用。

3 使用**平面烤盤**，以（MED）加熱，倒入沙拉油。將 **1** 裹上一層薄薄的麵粉後，帶皮面朝下放入烤盤中煎烤，蓋上鍋蓋煎6分鐘左右。

4 取下鍋蓋後將雞肉翻面，兩面都煎過，把肉煎熟。

5 烤盤剩餘的空間可用來煎烤南瓜及甜椒等蔬菜。

6 加入混合好的調味料 **A**，將火力調升至（HI），把雞肉、蔬菜和醬料一起拌炒至熟透。依喜好加入薄荷葉等香草（分量外）也很美味。

PART.1

用電烤盤

# 在家製作
# 咖啡店般的早餐

從西式麵包到異國風餐點，提供眾多菜單可隨當天心情選擇。
每一道的作法都相當簡單。不管是忙碌的早晨，或是想悠閒享用早午餐的日子，
請活用電烤盤，愉快地享受每天的早餐！

## 甜椒煎蛋

隨手就能
完成的時尚
西式餐點

在切成環狀的甜椒中打入鵪鶉蛋做成雙黃荷包蛋。
甜椒脆脆的口感和甜味令人忍不住一口接一口。

材料（2～3人份）

| | |
|---|---|
| 甜椒（紅・1cm的環狀）⋯⋯⋯⋯⋯⋯3片 | 橄欖油⋯⋯⋯⋯⋯⋯⋯⋯⋯⋯⋯⋯⋯2小匙 |
| 鵪鶉蛋⋯⋯⋯⋯⋯⋯⋯⋯⋯⋯⋯6個 | 鹽、胡椒⋯⋯⋯⋯⋯⋯⋯⋯⋯⋯各少許 |
| 德式香腸（依喜好添加）⋯⋯⋯⋯⋯6根 | |

作法

1 在**平面烤盤**中倒入橄欖油，以（LOW）加熱。
2 放上甜椒，並在每片甜椒中打入2個鵪鶉蛋。烤盤剩餘的空間可依喜好放上德式香腸。
3 蓋上鍋蓋，蒸烤約4分鐘。撒上鹽及胡椒。

Oishii!

# 酪梨起司烤吐司

將配料放在吐司旁一起煎烤,最後再組合起來的快速料理。
使用芥末美乃滋來提味。

**材料**(2～3人份)

酪梨......................................1個
可融化的起司片......................3片
吐司......................................3片
A ┌ 美乃滋............................1又1/2大匙
  └ 芥末...............................少許
橄欖油..................................1小匙
黑胡椒..................................少許

**作法**

1 將**A**混合備用。
2 去除酪梨的種籽及外皮後,將果肉切成2cm的厚片。
3 在**平面烤盤**中倒入橄欖油,以(**LOW**)加熱,放入酪梨及起司片,以(**MED**)煎烤至起司融化。
4 烤盤剩餘的空間可以烤吐司,烤好之後塗上**1**再放上**3**。
5 撒上黑胡椒。

*Toro~ri*

# 培根蘆筍捲熱狗堡

以培根捲起整根蘆筍的熱狗麵包。
這是一道前置準備非常簡單，可以隨手做的料理。

*Nice hot dog!*

## 材料（2～3人份）

| | |
|---|---|
| 熱狗麵包 | 3個 |
| 蘆筍 | 3根 |
| 培根 | 3片 |
| 沙拉油 | 2小匙 |
| 鹽 | 少許 |
| 美乃滋 | 少許 |
| 顆粒芥末醬 | 少許 |
| 番茄醬 | 依喜好添加 |

## 作法

1 將熱狗麵包的中間切開。
2 用刨刀把蘆筍根部的硬皮削掉，再斜捲上培根。
3 在**平面烤盤**中倒入沙拉油，以（**MED**）加熱，放入**2**將蘆筍煎熟後撒上鹽。
4 烤盤剩餘的空間可以放上熱狗麵包加熱，在麵包中塗上美乃滋及顆粒芥末醬，夾入**3**。
5 可依喜好淋上番茄醬享用。

# 薯泥半熟蛋

以蒸煮方式製成的滑順馬鈴薯泥及半熟蛋。
請搭配脆脆的麵包棒一起享用。

### 材料（2個份）

| | |
|---|---|
| 馬鈴薯 | 1大個 |
| 鹽 | 少許 |
| 牛奶 | 3大匙 |
| 蛋 | 2個 |
| 黑胡椒 | 少許 |
| 荷蘭芹 | 少許 |
| 長棍麵包等麵包 | 適量 |

### 作法

1 將馬鈴薯水煮或蒸煮至柔軟的狀態，趁熱用叉子搗碎，加入鹽及牛奶製作成薯泥。
2 將**1**各放一半至2個附蓋的耐熱容器中，並且分別打入1個蛋，再蓋上蓋子。
3 將**2**放入**陶瓷料理深鍋**中，加入熱水（分量外）至耐熱容器一半的高度後蓋上鍋蓋，以（MED）加熱10分鐘。
4 撒上黑胡椒及荷蘭芹，用長棍麵包等沾著吃。


# 鳥巢風高麗菜絲荷包蛋

將蛋和滿滿的高麗菜絲一起蒸烤。
擺放在吐司上就變成時尚的開放式三明治了！

### 材料（2〜3人份）

| | |
|---|---|
| 高麗菜 | 1/6個 |
| 德式香腸 | 3根 |
| 小番茄 | 3個 |
| 蛋 | 3個 |
| 沙拉油 | 2小匙 |
| 鹽、胡椒 | 各少許 |

### 作法

1 將高麗菜切成細絲，香腸切成圓片。小番茄去蒂後切成4等分。
2 使用**平面烤盤**，以（MED）加熱，倒入沙拉油，鋪滿**1**的高麗菜絲。
3 在高麗菜絲上放上香腸，並在3處分別打入蛋，蓋上鍋蓋蒸烤5分鐘。
4 放上小番茄，撒入鹽及胡椒。

# 橄欖培根拌飯

將炒好的配料拌入飯中，就能變成一道充滿巧思的料理。
放上新鮮的生菜，當作沙拉一般享用吧。

## 材料（3～4人份）

| | |
|---|---|
| 溫熱的白飯‥‥‥‥‥3碗（450g） | 鹽‥‥‥‥‥‥‥‥‥‥‥1/3小匙 |
| 綠橄欖‥‥‥‥‥‥‥‥‥‥15粒 | 黑胡椒‥‥‥‥‥‥‥‥‥‥少許 |
| 培根‥‥‥‥‥‥‥‥‥‥‥3片 | 橄欖油‥‥‥‥‥‥2小匙＋1小匙 |
| 大蒜‥‥‥‥‥‥‥‥‥‥1/2瓣 | |
| 芝麻葉或沙拉用菠菜 | |
| ‥‥‥‥‥‥‥‥‥‥‥‥‥1把 | |

## 作法

**1** 用刀沿著綠橄欖的種籽把果肉削下來，然後切碎。

**2** 將培根切成1cm寬，大蒜切碎。

**3** 使用**平面烤盤**，以（**MED**）加熱，倒入2小匙橄欖油，再放入
大蒜及培根拌炒。

**4** 加入切碎的橄欖及溫熱的白飯攪拌混合，撒上鹽及黑胡椒調味
後，將火力調至（**WARM**）保溫。

**5** 將芝麻葉或沙拉用菠菜切成2cm寬，放入缽盆中，淋上剩下的
橄欖油，再撒上少許的鹽（分量外）攪拌混合，最後放在**4**上。

# 熱油香蒜
# 蘑菇及章魚

熱騰騰才好吃的這道料理，適合當作悠閒假日的早午餐。
只要加入一點點乾燥香草，就會非常有歐風的味道！

## 材料（2～3人份）

| | |
|---|---|
| 蘑菇 | 4大朵 |
| 水煮章魚 | 80g |
| 小扇貝 | 6個 |
| 大蒜 | 1/2瓣 |
| 橄欖油 | 100㎖ |
| 鹽 | 少許 |
| 乾燥百里香 | 少許 |
| 黑胡椒 | 少許 |

## 作法

**1** 配合章魚燒烤盤的孔洞，把蘑菇及水煮章魚切成適當的大小。將大蒜切成碎末。

**2** 將大蒜、橄欖油、鹽、乾燥百里香混合。

**3** 將蘑菇、水煮章魚、小扇貝放入**章魚燒烤盤**的孔洞中，再倒入**2**。

**4** 以（**MED**）加熱，撒上黑胡椒。煮熟後即可享用。

Tastes so good!

# 馬鈴薯及米飯的
# 香料煎餅

外層香脆、內層軟綿，似乎可以吃下好幾個的煎餅。
飄散出來的咖哩香氣令人期待不已。

Gyu!

## 材料（2～3人份）

馬鈴薯⋯⋯⋯⋯⋯⋯2個（約250g）
溫熱的白飯
⋯⋯⋯⋯⋯1碗再多一點（200g）
鹽⋯⋯⋯⋯⋯⋯⋯⋯⋯⋯⋯1/3小匙
咖哩粉⋯⋯⋯⋯⋯⋯⋯⋯⋯1/2小匙
披薩用乳酪絲⋯⋯⋯⋯⋯⋯50g
沙拉油⋯⋯⋯⋯⋯⋯⋯⋯⋯⋯1大匙

## 作法

**1** 使用刨絲器或是菜刀，把馬鈴薯切成細絲。

**2** 將沙拉油以外的材料全部放入缽盆中混合均勻。

**3** 使用**平面烤盤**，以（MED）加熱，倒入沙拉油，用湯匙舀取**2**放入烤盤中，鋪成直徑5cm左右的圓餅狀。

**4** 煎出硬脆感之後翻面，把另一面也煎過，煎烤過程中要不時用鍋鏟按壓，等內層也煎熟就完成了。

# 焦糖法式吐司

最後撒點砂糖，煎出香脆的感覺。
搭配鮮奶油和水果，一份讓人感到幸福的早餐就完成了。

## 材料（2～3人份）

長棍麵包（切成3cm的厚片）……6個

A
- 蛋……………………………………1個
- 牛奶……………………………150㎖
- 楓糖漿………………………………1大匙

奶油……………………………………15g
細砂糖………………………………1大匙
發泡鮮奶油、草莓、薄荷葉
　（依喜好添加）…………………各適量

## 作法

1 將**A**放入調理盤中混合均勻，再放入麵包片讓兩面浸濕，靜置
10分鐘左右（也可以覆蓋上保鮮膜，放入冰箱中冷藏一晚）。

2 使用**平面烤盤**，以（**LOW**）加熱，放入奶油融化後，將火力
調至（**MED**），把**1**的麵包片排放在烤盤上。煎2分鐘左右，
將麵包煎出焦色後，翻面把另一面也煎出焦色。

3 在表面撒上細砂糖並翻面，煎出硬脆感後同樣撒上細砂糖再翻
面，把另一面也煎至硬脆。

4 盛入盤中，可依喜好添加發泡鮮奶油、草莓及薄荷葉裝飾。

# 瑞可塔起司鬆餅

在柔軟的瑞可塔起司中加入蛋白霜製成的鬆餅。
入口即化的鬆軟口感讓人一早就感到雀躍！

## 材料（2～3人份）

低筋麵粉 ·······················80g
泡打粉 ···························6g
蛋 ·······························2個
牛奶 ···························80㎖
瑞可塔起司 ···················140g
奶油 ····························10g
香蕉、薄荷葉 ···············各適量
楓糖漿、發泡鮮奶油
　（依喜好添加）···········各適量

## 作法

1　將低筋麵粉及泡打粉混合過篩備用。把蛋的蛋白及蛋黃分開，分別放入不同的缽盆中。
2　用電動攪拌器把蛋白打成蛋白霜。
3　將牛奶加入蛋黃中，用打蛋器攪拌，再加入瑞可塔起司混合均勻。
4　在**3**中加入**1**的粉類，用橡皮刮刀切拌至沒有粉粒的狀態，再加入**2**輕柔地切拌混合。
5　使用**平面烤盤**，以（MED）預熱，放入一半的奶油加熱融化後，倒入**4**的麵糊抹成2個薄薄的小圓片。
6　蓋上鍋蓋煎4分鐘，翻面後再次蓋上鍋蓋，繼續煎3分鐘左右。以相同的方式煎6片（火力調整以不會燒焦的程度為基準）。
7　盛入盤中，附上香蕉及薄荷葉，可依喜好添加楓糖漿及發泡鮮奶油。

# 帕尼尼

夾入莫札瑞拉起司、生火腿及羅勒葉的經典義式三明治。
美味的祕訣是用橄欖油煎出酥脆感！

**材料**（2～3人份）

法國鄉村麵包（切成1cm厚的片狀）
                                                  6片
生火腿                           3片
莫札瑞拉起司             120g
羅勒葉                           9片
橄欖油                        1大匙
鹽、黑胡椒              各少許

**作法**

1　將鄉村麵包切片塗上橄欖油，放上生火腿、莫札瑞拉起司、羅勒葉，撒上鹽及黑胡椒後，再蓋上1片鄉村麵包做成三明治。總共製作3個。
2　使用**平面烤盤**，倒入少許橄欖油（分量外），以（**HI**）加熱，放上**1**，用小一點的鍋蓋或是煎鏟從上方按壓，煎出焦色。
3　翻面後再加一點橄欖油（分量外），以相同的方式煎出焦色。

*Topping material!*

# 法式蕎麥煎餅

適合在悠閒的早晨享用的法式鹹煎餅。
將Q彈的餅皮裹上香濃的生蛋黃一起吃吧。

Yummy!

**材料**（2～3人份）

| | |
|---|---|
| 蛋 | 1個 |
| 水 | 170㎖ |
| 鹽 | 1/4小匙 |
| 蕎麥粉 | 60g |
| 橄欖油 | 1又1/2大匙 |

〈配料〉

| | |
|---|---|
| 蛋 | 3個 |
| 火腿 | 3片 |
| 蘑菇（切薄片） | 3朵份 |
| 可融化的起司（片狀或細絲） | 90g |
| 鹽 | 少許 |
| 黑胡椒 | 少許 |
| 荷蘭芹 | 少許 |

**作法**

1 將蛋打入缽盆中攪散，加入水和鹽以打蛋器攪拌混合，接著加入蕎麥粉充分攪拌至沒有粉粒的狀態。覆蓋上保鮮膜，放入冰箱中冷藏一晚（這樣餅皮才會Q彈）。

2 使用**平面烤盤**，每煎1片煎餅都用1/2大匙的橄欖油，並以（MED）加熱，取**1**的麵糊倒入1/3的量，薄薄地鋪平後，將火力調至（HI），煎烤至餅皮外緣出現焦色的程度。

3 在中間打入1個蛋，加入火腿、蘑菇、起司之後蓋上鍋蓋，蒸烤3分鐘左右。

4 用鍋鏟把4個邊往內折，盛入盤中。撒上鹽、黑胡椒、荷蘭芹。以同樣的方式，總共製作3份。

# 番茄燉飯

用番茄汁和白飯就能完成的簡單燉飯。
因為多餘的水分很快就會蒸發，短時間內就能做出濃郁的風味！

## 材料（3～4人份）

煮好的白飯 ·················2碗（300g）
番茄汁（無鹽）·······················380㎖
鹽、黑胡椒 ···························各少許
起司粉 ···································25g
荷蘭芹 ·····································少許

## 作法

**1** 將白飯放入篩網中用水沖洗過後瀝乾。
**2** 將番茄汁倒入**平面烤盤**中，以（HI）加熱。
**3** 將**1**加入**2**中，一邊攪拌一邊煮至沸騰，再加入起司粉攪拌一下。
**4** 加入鹽調味，最後撒上黑胡椒、起司粉、荷蘭芹。

Topping

越吃越上癮
亞洲風味etc.
多國料理

# 七彩韓式拌飯

色彩繽紛的韓式拌飯一上桌，絕對會歡聲四起。
將白飯煎得焦脆後，和配料拌勻一起享用吧！

**材料**（3～4人份）

| | |
|---|---|
| 溫熱的白飯 ……… 3碗（450g） | 蛋 …………………………… 2個 |
| 麻油 …………………… 1大匙 | 韓式泡菜 ………………… 適量 |
| 味噌肉末、涼拌紅蘿蔔絲、涼拌菠 | 櫻桃蘿蔔 ………………… 2個 |
| 　菜、涼拌豆芽菜、涼拌秋葵、醋 | 白芝麻 …………………… 適量 |
| 　漬紫洋蔥 | 韓式辣椒醬（依喜好添加）……… 少許 |
| ………………………… 分量如下 | |

### 味噌肉末
在平底鍋中放入豬絞肉100g、酒1大匙、砂糖1大匙、醬油1/2大匙、甜麵醬1大匙、薑（磨成泥）1小塊份，以中火加熱，用木鏟拌炒至水分收乾，味噌肉末就完成了。

### 涼拌紅蘿蔔絲
將1/2根紅蘿蔔切成細絲，在平底鍋中倒入2小匙沙拉油，熱鍋之後放入紅蘿蔔絲拌炒，加入鹽及胡椒各少許，再撒上1小匙白芝麻。

### 涼拌菠菜
將1/3把菠菜汆燙約30秒後浸泡冷水，取出擠乾水分並切成5㎝寬。在缽盆中放入菠菜、少許鹽、醬油及麻油各1/2小匙、白芝麻1小匙，充分攪拌均勻。

### 涼拌豆芽菜
將1/2包豆芽菜汆燙約30秒後，以篩網撈起瀝乾水分，放入缽盆中，趁熱加入蒜泥（依喜好添加）、鹽及胡椒各少許、麻油1/2小匙，充分攪拌混合，使味道融為一體。

### 涼拌秋葵
將6根秋葵切成小圓片，加入麻油1小匙、醬油1/2小匙和少許柴魚片，攪拌混合。

### 醋漬紫洋蔥
將1/4個紫洋蔥切絲後泡水，以篩網撈起瀝乾水分。接著放入缽盆中，加入醋及砂糖各1/2大匙、鹽少許、麻油1/3小匙，攪拌混合。

## 作法

1 在**平面烤盤**中倒入麻油，以（MED）加熱。
2 在烤盤中放入溫熱的白飯，接著把味噌肉末和所有的涼拌菜、醋漬紫洋蔥放到飯上面，再放上蛋、韓式泡菜、櫻桃蘿蔔，最後撒上白芝麻。
3 加熱約5分鐘後，等白飯變成金黃色，將所有配料和飯充分拌勻，再把火力調至（WARM），可依喜好加入韓式辣椒醬。

# 中華風雞肉粥

使用雞肉熬煮高湯，製作充滿鮮味的雞肉粥。
將濕潤柔嫩的雞肉放在粥上，可依喜好添加香辛佐料一起品嚐。

## 材料（3～4人份）

溫熱的白飯 ·············· 2碗（300g）
雞柳 ···························· 3條
薑 ····························· 1小塊
水 ··························· 800㎖
酒 ··························· 1大匙
鹽 ···························· 少許
〈配料〉
麻油 ···························· 少許
醬油 ···························· 少許
辣油（依喜好添加） ·············· 適量
鴨兒芹、白芝麻 ·············· 各少許

## 作法

1 將雞柳去筋後抹鹽，薑切片。
2 按照食譜的分量在**陶瓷料理深鍋**中放入水，以（HI）加熱至沸騰。加入酒及**1**後，再次煮到沸騰，將火力調至（WARM），蓋上鍋蓋靜置15分鐘，把雞柳燜熟。
3 取出雞柳，稍微放涼後用手剝成雞絲備用。
4 將火力調至（MED），放入白飯煮10分鐘左右。
5 將雞絲放回鍋中，舀取雞肉粥後可依喜好添加配料。

# 南洋風炒飯

使用魚露、薑、豬絞肉製成的異國風味炒飯。
最後撒上羅勒葉增添香氣,讓人食慾大振。

## 材料(3~4人份)

| | |
|---|---|
| 溫熱的白飯 | 3碗(450g) |
| 豬絞肉 | 100g |
| 西洋芹 | 1/2根 |
| 牛蒡 | 1/2根 |
| 薑 | 1小塊 |
| 鹽 | 少許 |
| A 酒 | 1小匙 |
| 　 魚露 | 1大匙 |
| 　 砂糖 | 1小匙 |
| 　 醬油 | 1小匙 |
| 沙拉油 | 2小匙 |
| 麻油 | 1小匙 |
| 羅勒葉 | 10片 |

## 作法

**1** 將西洋芹及牛蒡切成薄圓片,薑切成碎末。

**2** 使用**平面烤盤**,以(MED)加熱,放入沙拉油及薑炒出香氣,注意不要燒焦,接著加入西洋芹、牛蒡及鹽拌炒。

**3** 牛蒡炒熟後加入豬絞肉拌炒,再加入 **A**,炒至水分收乾。

**4** 將火力調至(WARM),加入溫熱的白飯及麻油攪拌混合,最後撒上羅勒葉。

───使用大尺寸電烤盤製作時───

將材料改成以下分量製作(4~5人份)。溫熱的白飯4碗再多一點(650g)、豬絞肉150g、西洋芹2/3根、牛蒡2/3根、薑1又1/2小塊、鹽少許、**A**(酒1又1/2小匙、魚露1又1/2大匙、砂糖1又1/2小匙、醬油1又1/2小匙)、沙拉油1大匙、麻油1又1/2小匙、羅勒葉15片

# 摩洛哥風歐姆蛋

使用香料及香辛蔬菜製成的摩洛哥風味炒蛋。
半熟蛋的柔滑口感及香菜的香氣似乎會讓人上癮！

**材料**（2～3人份）

| | | | |
|---|---|---|---|
| 番茄 | 2個（250g） | 鹽 | 1/4小匙 |
| 洋蔥 | 1/3個（70g） | 咖哩粉 | 1/2小匙 |
| 香菜 | 5根 | 橄欖油 | 1大匙 |
| 蛋 | 3個 | 麵包（依喜好搭配） | 適量 |

**作法**

1 將番茄切成2cm塊狀，洋蔥切成粗末，香菜則切成2cm寬。
2 使用**平面烤盤**，以（MED）加熱，倒入橄欖油後把洋蔥炒至變透明，再加入番茄快速拌炒。
3 將蛋打入缽盆中，加入鹽及咖哩粉後打散，倒入**2**中，用筷子攪拌至呈半熟狀態就完成了。
4 最後撒上香菜，可依喜好放在麵包上享用。

# 中華風千層白菜

只要將肉餡和白菜層層交疊後蒸熟，就能完成簡單又有飽足感的配菜。
剛蒸好時趁熱淋上帶有麻油香氣的醋醬油，讓人吃到筷子停不下來！

*Done!*

## 材料（3～4人份）

| | |
|---|---|
| 白菜 | 1/4個 |
| 長蔥 | 1/2根 |
| 韭菜 | 1/2把 |
| 豬絞肉 | 200g |

| | | |
|---|---|---|
| **A** | 薑（磨成泥） | 1/2小塊 |
| | 鹽 | 1/4小匙 |
| | 胡椒 | 少許 |
| | 醬油 | 1小匙 |
| | 蠔油 | 2小匙 |
| | 酒 | 1/2小匙 |
| | 麻油 | 1/2大匙 |
| | 太白粉 | 1/2大匙 |

| | |
|---|---|
| 沙拉油 | 1大匙 |
| 白芝麻 | 1/2大匙 |

〈醬料〉

| | |
|---|---|
| 醬油 | 2小匙 |
| 醋 | 1小匙 |
| 麻油 | 2小匙 |
| 辣油（依喜好添加） | 少許 |

## 作法

1 將白菜切成7mm左右的細絲，長蔥切成碎末，韭菜則切成1cm寬。

2 將豬絞肉和**A**放入缽盆中，充分攪拌至產生黏性，再加入長蔥及韭菜混合。

3 在**平面烤盤**中倒入沙拉油後，放入1/2份**1**的白菜絲。再將1/2份**2**的肉餡鋪在白菜絲上。

4 接著再依序鋪上白菜絲及肉餡，撒上白芝麻。將火力調至（**MED**），蓋上鍋蓋蒸烤15分鐘左右，把材料蒸熟。取用後淋上醬料享用。

# 蝦仁燒賣

包入滿滿Q彈蝦仁的圓形燒賣十分可愛。
肉餡已經調味過，隨手一捏就能做成早餐享用！

## 材料（3～4人份）

| | | |
|---|---|---|
| 燒賣皮 | | 24片 |
| | 蝦仁 | 250g |
| | 豬絞肉 | 100g |
| | 長蔥 | 1/2根 |
| | 太白粉 | 2小匙 |
| A | 鹽 | 1/3小匙 |
| | 酒 | 1/2小匙 |
| | 醬油 | 1/2小匙 |
| | 薑汁 | 1小匙 |
| | 麻油 | 1小匙 |
| 沙拉油 | | 少許 |
| 水 | | 2大匙 |

## 作法

1 將蝦仁去除腸泥，仔細地清洗後擦乾水分。把長蔥切成碎末。

2 將**A**的材料放入食物調理機中攪拌均勻。

3 在燒賣皮中包入適量的**2**，放入塗上薄薄一層沙拉油的**章魚燒烤盤**中。

4 將火力調至（**MED**）後，在烤盤上均勻地灑水，蓋上鍋蓋蒸烤15分鐘。

*Puri Puri!*

# 墨西哥薄餅

這是一種墨西哥的速食，
用塔可餅皮夾入餡料煎烤而成。
香濃滑順的起司和酪梨、培根的組合絕對不會出錯！

**材料**（2～3人份）

| | | | |
|---|---|---|---|
| 塔可餅皮 | 6片 | 切達起司片 | 6片 |
| 酪梨 | 1個 | 鹽 | 少許 |
| 培根 | 3片 | 沙拉油 | 2小匙 |

**作法**

1 將酪梨去皮、去籽後，切成5mm厚的片狀。

2 將**1**的酪梨放在塔可餅皮上，撒點鹽之後放上培根、切達起司片，再蓋上1片塔可餅皮。用同樣的方式再做2份。

3 使用**平面烤盤**，以（**MED**）加熱，倒入沙拉油，一次放入1份**2**的薄餅，煎到起司融化後翻面煎另外一面。

/ Put! /

# 韓式蔬菜煎餅

充滿蔬菜，表面酥脆、內層濕潤鬆軟。
加了白芝麻粉的醋醬油美味到令人上癮！

## 材料（2～3人份）

| | |
|---|---|
| 韭菜 | 1/2把 |
| 南瓜 | 略少於1/8個（100g） |
| 紅椒 | 1/2個 |
| **A** ┌ 低筋麵粉 | 40g |
| └ 太白粉 | 2大匙 |
| 蛋 | 1個 |
| **B** ┌ 水 | 80ml |
| │ 鹽 | 1/4小匙 |
| │ 醬油 | 1/2小匙 |
| └ 麻油 | 1/2大匙 |
| 麻油 | 2大匙 |
| 〈醬料〉 | |
| 醬油 | 1大匙 |
| 醋 | 1小匙 |
| 白芝麻粉 | 1小匙 |
| 長蔥（切碎末） | 1大匙 |
| 辣椒粉 | 少許 |

## 作法

1 將韭菜切成5cm長。南瓜去籽後連皮切成5mm細絲，紅椒也切成5mm細絲。使用**平面烤盤**，事先以（**LOW**）預熱。

2 將**A**放入缽盆中，以打蛋器攪拌混合。

3 在另一個缽盆中把蛋打散，加入**B**用打蛋器攪拌混合，再加入**2**中。

4 將**1**的蔬菜加入缽盆中，以切拌的方式攪拌均勻（3片份的麵糊）。

5 在平面烤盤中倒入1大匙多的麻油，將火力調至（**HI**），倒入**4**的麵糊，鋪成2片直徑約10cm的圓餅狀，把單面煎熟（2片並排煎烤）。

6 煎出焦色之後翻面，將火力調至（**MED**）繼續煎烤。把剩餘的麻油燒熱，以相同的方式煎烤剩下的1片麵糊。

7 將醬料的材料混合。把**6**切成方便入口的大小，沾上醬料享用。

# 薑味高麗菜
# 蛤蜊麵線

在寒冷的日子裡,能讓身體暖和起來的愉快早餐。
蛤蜊會釋放出大量的鮮味,所以將熱湯一滴不剩地喝完吧!

**材料**(3~4人份)

| | |
|---|---|
| 麵線 | 3把 |
| 蛤蜊 | 15個 |
| 高麗菜 | 1/4個 |
| 培根 | 2片 |
| 薑 | 1小塊 |
| 酒 | 1大匙 |
| 水 | 1ℓ |
| 鹽 | 2/3小匙 |
| 麻油 | 1大匙 |
| 白芝麻 | 1小匙 |

**作法**

**1** 將高麗菜切成3cm塊狀,培根切成2cm寬,薑則切成碎末。蛤蜊事先吐沙備用。

**2** 將麵線煮熟後用水沖洗,讓麵線更有彈性,接著用篩網瀝乾備用。

**3** 使用**陶瓷料理深鍋**,以(MED)加熱,倒入麻油,下薑末炒出香氣後加入蛤蜊和酒。蓋上鍋蓋蒸3分鐘左右,直到蛤蜊的殼都打開。

**4** 加入水、培根、高麗菜、鹽,熬煮10分鐘左右。

**5** 接著加入麵線煮至沸騰,加鹽(分量外)調味後,盛入容器中,撒上白芝麻。

# 焦香醬油玉米飯

味道特別的和風拌飯

將玉米放入烤盤中翻炒,趁熱從邊緣倒入醬油。
鹹鹹甜甜的滋味和陣陣香氣,讓人感覺可以吃下好幾碗。

**材料**(3~4人份)

溫熱的白飯⋯⋯⋯⋯⋯⋯3碗(450g)
玉米⋯⋯1根(使用罐頭的話是150g)
醬油⋯⋯⋯⋯⋯⋯⋯⋯⋯⋯⋯⋯⋯1小匙
沙拉油⋯⋯⋯⋯⋯⋯⋯⋯⋯⋯⋯⋯1大匙
鹽⋯⋯⋯⋯⋯⋯⋯⋯⋯⋯⋯⋯⋯⋯⋯少許
黑胡椒⋯⋯⋯⋯⋯⋯⋯⋯⋯⋯⋯⋯少許

**作法**

1 將玉米芯上的玉米粒用菜刀削下來。
2 使用**平面烤盤**,以(MED)加熱,倒入沙拉油後放入**1**炒熟。
3 撒點鹽,沿著烤盤邊緣倒入醬油一起拌炒,再將火力調至(LOW),加入白飯攪拌混合。
4 撒上黑胡椒。

# 香蔥章魚拌飯

加入以麻油炒香的香辛蔬菜一起炊煮，充滿豐富香氣的章魚飯。
最後撒上柚子皮帶出清爽的香味，令人忍不住食指大動。

\ Good smell !

## 材料（3～4人份）

| | |
|---|---|
| 米 | 300g |
| 水 | 380㎖ |
| 水煮章魚 | 120g |
| 長蔥 | 1根 |
| 薑 | 1小塊 |
| 麻油 | 2小匙 |
| 酒 | 2小匙 |
| A ┌ 鹽 | 少許 |
| └ 醬油 | 1/2小匙 |
| 柚子皮 | 少許 |

## 作法

1 將米清洗過後用篩網瀝乾，靜置30分鐘。
2 將章魚切成塊狀，長蔥切成粗末，薑則切成碎末。
3 使用**平面烤盤**，以（MED）加熱，加入麻油、**2**及酒拌炒。
4 加入**1**、指定分量的水、**A**稍微攪拌後，蓋上鍋蓋以（HI）加熱。
5 煮至沸騰之後將火力調至（MED），繼續炊煮17分鐘左右，再調至（WARM）蒸煮大約10分鐘。
6 撒上削成薄片的柚子皮。

┌─ 使用大尺寸電烤盤製作時 ──────────

將材料改成以下分量製作（4～5人份）。米450g、水570㎖、水煮章魚180g、長蔥1又1/2根、薑1又1/2小塊、麻油1大匙、酒1大匙、**A**（鹽少許、醬油2/3小匙）、柚子皮少許

OFF  WARM  LOW  MED  HI

令人感到開心的晨間溫暖湯品

# 義式蔬菜鱈魚湯

使用薄鹽漬鱈魚製作，方便又分量十足的義式蔬菜湯。
依喜好搭配大蒜麵包吃起來更加滿足！

**材料**（3～4人份）

| | |
|---|---|
| 薄鹽漬鱈魚 | 2片 |
| 洋蔥 | 1/2個 |
| 馬鈴薯 | 1個 |
| 紅蘿蔔 | 1/3根 |
| 西洋芹 | 1/2根 |
| 甜椒 | 1/2個 |
| 大蒜 | 1/2瓣 |
| 橄欖油 | 1大匙 |
| A ┌ 水煮番茄罐頭 | 100g |
| ├ 鹽 | 1/3小匙 |
| ├ 胡椒 | 少許 |
| ├ 水 | 500㎖ |
| └ 月桂葉 | 1片 |
| 起司粉（依喜好添加） | 1大匙 |

**作法**

1 將鱈魚片切成4等分。洋蔥、馬鈴薯、紅蘿蔔、西洋芹、甜椒全部切成1cm丁狀。大蒜切成碎末。
2 在**陶瓷料理深鍋**中放入橄欖油及蒜末，以（MED）加熱，加入**1**的蔬菜拌炒3分鐘左右。
3 加入**A**後，蓋上鍋蓋煮10分鐘。加入鱈魚塊，再蓋上鍋蓋煮6分鐘。
4 最後可依喜好撒上起司粉。

# 青花菜馬鈴薯濃湯

溫和的滋味適合在想放鬆一下的早晨品嚐。
可依喜好將牛奶換成豆漿，也十分美味。

**材料**（3～4人份）

| | |
|---|---|
| 青花菜 | 1/2顆 |
| 馬鈴薯 | 3個 |
| 洋蔥 | 1/3個 |
| 培根 | 3片 |
| 奶油 | 10g |
| A ┌ 鹽 | 1/3小匙 |
| ├ 胡椒 | 少許 |
| ├ 月桂葉 | 1片 |
| └ 水 | 400㎖ |
| 牛奶（也可用豆漿） | 300㎖ |
| 低筋麵粉 | 2大匙 |

**作法**

1 將青花菜分成小朵，以鹽水煮至稍硬的程度備用。
2 將馬鈴薯切成3cm塊狀，洋蔥切碎末，培根則切成1cm寬。
3 使用**陶瓷料理深鍋**，以（MED）加熱，放入奶油，等奶油融化後加入馬鈴薯及洋蔥，用木鏟拌炒3分鐘左右，注意不要燒焦。
4 加入**1**、培根及**A**後，將火力調整為（HI），煮沸後調至（MED），蓋上鍋蓋燉煮10分鐘。
5 在牛奶中加入過篩的低筋麵粉，用打蛋器充分攪拌混合。一邊以茶篩過濾，加入**4**中，一邊以木鏟攪拌，熬煮至出現濃稠感。

# 雞肉丸子冬粉湯

風味清爽的中式湯品，有著滿滿鬆軟的雞肉丸子。
最後加入清脆的萵苣可以吸附湯汁！

## 材料（3~4人份）

|   | 材料 | 份量 |
|---|---|---|
| A | 雞絞肉 | 300g |
|  | 長蔥（切碎末） | 1/2根 |
|  | 薑（磨成泥） | 1小塊 |
|  | 鹽 | 1/4小匙 |
|  | 酒 | 1小匙 |
|  | 醬油 | 1小匙 |
|  | 白芝麻粉 | 1大匙 |
|  | 太白粉 | 1大匙 |
| 和風高湯 |  | 1ℓ |
| 冬粉（乾燥） |  | 50g |
| 萵苣 |  | 1/3顆 |
| 細蔥 |  | 5根 |
| 鹽 |  | 少許 |

## 作法

1 將**A**的材料放入缽盆中充分攪拌混合。

2 在**陶瓷料理深鍋**中倒入和風高湯，以（**HI**）加熱，煮沸後把**1**捏成一口大小的丸子加入湯中。

3 等雞肉丸子煮熟後，加入冬粉煮5分鐘左右。

4 將萵苣切大塊，細蔥切成蔥花。加入**3**中，以鹽調味後就完成了。

Add!

# 蔘雞湯風味小雞腿燉湯

使用小雞腿的話,在家也能隨手做出這道韓國的藥膳料理。
因為糯米而帶點黏稠感的熱湯,可以讓身體快速地暖和起來。

Poka Poka

## 材料(3~4人份)

| | |
|---|---|
| 小雞腿 | 12支 |
| 鹽 | 1/2小匙 |
| 洋蔥 | 1個 |
| 紅蘿蔔 | 1/2根 |

**A**
| | |
|---|---|
| 薑 | 1小塊 |
| 大蒜 | 1瓣 |
| 枸杞 | 12顆 |
| 酒 | 1大匙 |

| | |
|---|---|
| 水 | 1.2ℓ |
| 糯米(沒有的話也可用一般的米) | 4大匙 |
| 細蔥(切成蔥花) | 6根份 |

## 作法

**1** 用菜刀沿著小雞腿的骨頭切開一條縫後,在小雞腿上抹鹽。

**2** 將洋蔥切成8等分,紅蘿蔔切成1cm寬的長條狀。

**3** 在**陶瓷料理深鍋**中放入**1**、**2**、**A**後加入水,以(**HI**)加熱至沸騰。

**4** 煮沸後撈除浮沫,加入糯米,將火力調至(**MED**)燉煮30分鐘。

**5** 加入蔥花,以鹽(分量外)調味。

# 奶油甜薯球

早餐就能吃到溫暖幸福的甜點

材料單純的甜薯泥，和充滿奶香味的奶油十分對味。
番薯自然的甜味，讓人忍不住一口接一口！

## 材料（4人份）

| | |
|---|---|
| 番薯 | 2條（600g） |
| 奶油 | 35g |
| 鮮奶油 | 80㎖ |
| 砂糖 | 30g |

## 作法

1 將番薯水煮或蒸煮至柔軟的狀態，去皮後趁熱用叉子背面搗碎。
2 將**章魚燒烤盤**調至（LOW）預熱備用。
3 趁熱將奶油20g、鮮奶油及砂糖加入**1**的番薯泥中，以木鏟攪拌混合均勻，配合烤盤的孔洞大小把番薯泥搓成圓球狀放入。
4 將剩餘的15g奶油平均放入烤盤的孔洞中，接著放入**3**，再將火力調升至（MED）。
5 以竹籤轉動番薯球，使其能均勻受熱，將表面煎烤過後就能享用了。


# 蘋果派

將用奶油炒軟的蘋果包入冷凍派皮中，烤至香酥即可。
材料簡單卻十分美味，讓人感到非常滿足！

## 材料（4人份）

| | |
|---|---|
| 蘋果 | 2個（500g） |
| 奶油 | 10g |
| 砂糖 | 1又1/2大匙 |
| 肉桂粉 | 少許 |
| 冷凍派皮 | 3片 |

## 作法

1 將蘋果切成8等分，去皮、去芯後再切成1cm寬的片狀。
2 使用**平面烤盤**，以（MED）加熱，將奶油融化。放入**1**拌炒，加入砂糖、肉桂粉再稍微拌炒一下，蓋上鍋蓋蒸烤8分鐘左右。炒到蘋果變軟即可取出。
3 將派皮解凍至還有點硬的程度，用擀麵棍擀成2mm厚，再分切成24片邊長6cm的四方形派皮。
4 將放涼的**2**各取1大匙放在**3**上，包成圓球狀後，放入以（MED）加熱的**章魚燒烤盤**中。
5 以竹籤轉動蘋果派，使整體均勻上色。

# 在家製作 法式＆義式午餐

即使是看起來不好做的西式餐點，只要用電烤盤就能輕鬆挑戰！
可以大家聚在一起歡樂地製作，也可以事先做好給客人驚喜。
以下介紹的絕對都是可以在午餐時間讓氣氛熱鬧起來的菜色！

# 迷迭香風味 義式番茄燉漢堡排

香草的香氣和牽絲的起司絕對會讓大家歡聲連連！
取用時請裝入滿滿的醬汁一起享用。

> 可以大家一起
> 開心製作的
> 料理

**材料**（3～4人份）

| | |
|---|---|
| 牛豬綜合絞肉 | 400g |
| 洋蔥 | 1/2個（小顆的2/3個） |
| 迷迭香 | 1～2根 |
| A 乾燥麵包粉（使用新鮮麵包粉的話大約是1又1/3杯） | 1杯 |
| A 蛋 | 2個 |
| A 鹽 | 1/2小匙 |
| A 胡椒、多香果（有的話） | 各少許 |
| 橄欖油 | 1小匙 |

〈醬汁〉

| | |
|---|---|
| 橄欖油 | 1又1/2大匙 |
| B 大蒜（切碎末） | 1瓣 |
| B 洋蔥（切碎末） | 2大匙 |
| 白酒 | 2大匙 |
| C 切丁水煮番茄罐頭 | 2/3杯 |
| C 砂糖 | 1～2小匙 |
| C 鹽、胡椒 | 各少許 |
| 披薩用乳酪絲 | 100g |

**作法**

1 將洋蔥切成碎末。摘下1/2根迷迭香上的葉子切碎，其餘整根放入 **4** 中製作醬汁。

2 將 **A** 放入缽盆中攪拌，再加入絞肉和 **1** 充分揉捏混合。接著分成8等分，捏成橢圓狀。

3 在**平面烤盤**中倒入橄欖油，以（MED）預熱2～3分鐘後，將 **2** 排放在烤盤上。蓋上鍋蓋煎烤，把兩面都煎出焦色。

4 製作醬汁一起燉煮。用廚房紙巾把 **3** 多餘的油脂擦乾淨，在烤盤剩餘的空間倒入橄欖油，放入 **B** 拌炒1～2分鐘。倒入白酒，再加入 **C** 稍微攪拌一下。放上剩餘的迷迭香，蓋上鍋蓋，以（LOW）～（MED）加熱5～6分鐘左右，煮到稍微冒泡的微滾狀態。

5 用竹籤戳看看，煮熟的話就放上乳酪絲、蓋上鍋蓋，將火力調至（WARM），或是關火後利用餘溫使乳酪絲融化。

# 瑪格麗特披薩

用電烤盤製作就能一起分享披薩剛烤好時的愉悅感。
可依喜好淋上橄欖油，增添風味層次。

**材料**（平面烤盤1片份）

| A | | | |
|---|---|---|---|
| 高筋麵粉 | 100g | 番茄醬料 | 4大匙 |
| 低筋麵粉 | 40g | （太稀的話可稍微煮一下收乾水分） | |
| 砂糖 | 2小匙 | 莫札瑞拉起司 | 100g |
| 鹽 | 1/3小匙 | 羅勒葉 | 6～8片 |
| 橄欖油 | 1大匙 | 鹽、黑胡椒 | 各適量 |
| 溫水 | 1/4杯 | | |
| 牛奶 | 2大匙 | | |
| 乾酵母 | 3g | | |

**作法**

1  將**A**放入耐熱缽盆中，用刮刀攪拌至聚集成團。用手摸麵團時不會沾黏，就可以把麵團放到平台上揉捏8～10分鐘。等麵團表面出現光澤且產生彈性時，就可以把麵團揉成表面光滑的圓球狀。接著把麵團放入鋪有烘焙紙的缽盆中，鬆鬆地覆蓋上保鮮膜，放在40℃的烤箱中或溫暖的地方發酵30～40分鐘。等麵團膨脹至2倍大就可以了。

2  在等披薩麵團發酵的期間，可以準備配料。將莫札瑞拉起司用廚房紙巾仔細地擦乾水分後，切成5mm厚的片狀。切口的水分也要確實擦乾。

3  用手輕壓**1**，讓空氣排出。將麵團重新揉圓後，用濕布巾蓋住麵團，靜置10分鐘讓麵團鬆弛。接著按照**平面烤盤**的尺寸裁剪烘焙紙，將麵團放在烘焙紙上，撒上少許高筋麵粉（分量外），用擀麵棍把麵團擀成長方形。

4  將火力調至（**MED**），把**3**連同烘焙紙一起放到平面烤盤上，蓋上鍋蓋烤3～4分鐘（注意別讓底部燒焦）。

5  取下**4**的鍋蓋，抹上番茄醬料後放上起司（擺放配料時為了防止烤盤太熱，可以先將火力調至（**WARM**）再放上）。蓋上鍋蓋，將火力調至（**LOW**）燜5～6分鐘，烤到起司融化。最後撒上羅勒葉、黑胡椒及少許鹽。

※依喜好淋上少許橄欖油（分量外）也很美味。
※依喜好放上新鮮的番茄薄片也很好吃。

# 馬鈴薯煎餅

用奶油煎得香香脆脆，趁熱和大家一起分享。
作法十分簡單又好吃，也很適合當作下酒菜！

**材料**（8～10個份）

馬鈴薯……………………………3個
鹽、胡椒……………………各適量
奶油…………………………………適量
番茄醬（依喜好添加）……………適量

**作法**

**1** 將馬鈴薯切成細絲（不用泡水）。加入鹽及胡椒攪拌均勻。

**2** 使用**平面烤盤**，以（MED）預熱，塗上多一點奶油，將**1**在烤盤中鋪成直徑8cm的大小，共鋪放4～5片，再用鍋鏟壓成圓形。蓋上鍋蓋，煎到出現焦色後翻面。另一面也同樣煎出焦脆感後，盛入盤中，可依喜好添加番茄醬。剩餘的材料也用同樣的方式煎烤。

# 迷你法式鹹派

可以大家一起開心地轉動、圓滾滾的迷你鹹派。
不論是熱呼呼或放涼的鹹派，嚐起來都很美味。

*Yummy!*

## 材料（24個份）

| | |
|---|---|
| 冷凍派皮 | 2片（解凍備用） |
| 培根 | 4片 |
| 菠菜 | 3株 |
| 披薩用乳酪絲 | 適量 |

A ┌ 蛋 ........................3個
　├ 鮮奶油 .......90ml（略少於1/2杯）
　├ 鹽、黑胡椒、肉豆蔻（有的話）
　└ ........................各適量

章魚燒烤盤用油 ........................少許

＊事先在章魚燒烤盤中塗上一層薄薄的油。

## 作法

**1** 將每片冷凍派皮切成12等分，以烘焙紙上下夾住，用手壓成可以鋪入**章魚燒烤盤**孔洞中的大小，接著把派皮鋪入烤盤中（準備配料的期間，可以將派皮連同烤盤放入冰箱中冷藏備用）。

**2** 將培根切成1cm丁狀。菠菜水煮後把水分確實擠乾，切成1cm長（也可以將冷凍菠菜解凍後使用）。將**A**攪拌混合備用。

**3** 將**1**的烤盤放到主機上，在每個孔洞中各放入1小撮培根、菠菜、乳酪絲，再倒入**A**，直到邊緣都倒滿為止。

**4** 將火力調至（**LOW**）後蓋上鍋蓋，烘烤約5〜6分鐘。

**5** 底部稍微變硬後，將火力調至（**MED**），蓋上鍋蓋繼續烘烤4〜6分鐘，把蛋液烤熟，直到底部變得焦脆。用竹籤等工具翻面，不用蓋鍋蓋，繼續烘烤2〜3分鐘，烤熟後即可取出（像烤章魚燒那樣，一邊烤一邊用竹籤轉動）。

# 瑞士起司鍋

可以讓大家一起圍著電烤盤，開心聊天用餐的派對料理。
將烤好的配料沾取溫熱的起司醬享用。

## 材料（2～3人份）

披薩用乳酪絲……………………………100g
　（有的話，可使用切成小塊或磨碎的葛瑞
　爾乳酪60g、艾曼塔乳酪40g）
玉米澱粉（或是太白粉）……………1小匙
大蒜……………………………………1/2瓣
白酒……………………………………2大匙
牛奶……………………………1～1又1/2大匙
　（不想加酒的話可以不放白酒，牛奶改成
　3～3又1/2大匙）
鹽、胡椒………………………………各少許
〈配料〉
橄欖油…………………………………少許
長棍麵包………………………………1/4條
維也納香腸（粗絞肉）………………4根
青花菜…………………………………1/3顆
馬鈴薯…………………………………1～2個

## 作法

1 將青花菜分成小朵，馬鈴薯切成一口大小，分別水煮燙熟。

2 將乳酪絲裹上玉米澱粉。

3 用大蒜的切口塗抹耐熱容器，讓容器內充滿蒜香，接著倒入白酒，蓋上鋁箔紙。將容器放在**平面烤盤**上，以（**MED**）加熱，變熱之後加入牛奶。

4 放入**2**攪拌使其融化，撒上鹽及胡椒。乳酪絲融化之後，將火力調至（**LOW**）或（**WARM**）的保溫狀態。

5 在烤盤剩餘的空間抹上薄薄一層橄欖油後，放入切成一半的維也納香腸煎烤，再放上切成2cm丁狀的長棍麵包及**1**的蔬菜。

6 將**5**裹滿**4**即可享用。

# 鷹嘴豆泥可樂餅

將鷹嘴豆泥揉成小圓球，放入章魚燒烤盤中烤得酥香。
鬆軟的鷹嘴豆很適合搭配加了白芝麻醬的特製醬料。

## 材料（24個份）

|  |  |
| --- | --- |
| 水煮鷹嘴豆 | 550g |
| 洋蔥 | 1/2個 |
| 荷蘭芹 | 2根 |
| A 鹽 | 略少於1小匙 |
| 孜然粉 | 1/2小匙 |
| 芫荽籽粉 | 1/4小匙 |
| 大蒜（磨成泥） | 1/2小匙 |
| 低筋麵粉 | 2大匙 |
| 檸檬汁 | 1小匙 |
| 橄欖油 | 適量 |
| B 白芝麻醬 | 4大匙 |
| 檸檬汁、水 | 各2又1/2大匙 |
| 橄欖油 | 1又1/2大匙 |
| 鹽 | 少許 |
| 砂糖 | 1～2小匙 |
| 香菜、萵苣、檸檬（依喜好添加） | 適量 |

## 作法

**1** 將鷹嘴豆的水分確實瀝乾，並用廚房紙巾擦拭。將一半的鷹嘴豆放入耐熱缽盆中，鬆鬆地覆蓋上保鮮膜，微波加熱3分鐘，再把一半的洋蔥、荷蘭芹及**A**放入食物調理機中攪拌成滑順狀。

**2** 將剩餘的鷹嘴豆切成喜歡的大小，洋蔥、荷蘭芹則是切成碎末。加入**1**中攪拌混合，分成24等分再揉成圓球狀。

**3** 在**章魚燒烤盤**中塗上多一點橄欖油，以（MED）預熱2分鐘。將**2**放入烤盤中，蓋上鍋蓋烤大約5分鐘，把底部烤到硬脆之後，像烤章魚燒一樣用竹籤翻動。蓋上鍋蓋，過程中不時掀蓋轉動鷹嘴豆泥球，烤4～5分鐘直到整體變得焦脆為止。

**4** 將**B**攪拌混合製成醬料（在芝麻醬中分次加水攪拌均勻，就能做出不會油水分離的滑順醬料）。最後可依喜好附上香菜、萵苣及切瓣的檸檬。

＊將吃剩的鷹嘴豆泥可樂餅和蔬菜一起夾入口袋餅裡也很好吃。

# 蔬菜麵包溫沙拉

將蒸好的蔬菜淋上加了鯷魚及起司的醬料，
彷彿溫熱的凱薩沙拉。
裡面加了長棍麵包，可以當作一份簡便的午餐。

**10分鐘**
**就能做好的**
**快速料理**

## 材料（3～4人份）

| | | | |
|---|---|---|---|
| 長棍麵包 | 4cm份 | 美乃滋 | 1/3杯 |
| 培根 | 2片 | 橄欖油 | 2大匙 |
| 高麗菜 | 1/8個 | 鯷魚醬 | 略少於1大匙 |
| 青花菜 | 1/3顆 | 白酒醋（或是醋） | |
| 白花椰菜 | 1/6顆 | | 1大匙 |
| 紅蘿蔔 | 1/3根 | 大蒜（磨成泥） | 1瓣 |
| 番薯 | 1/3條 | 砂糖 | 1/2～1小匙 |
| 鹽、胡椒 | 各少許 | 鹽、黑胡椒 | 各少許 |
| 橄欖油 | 1大匙 | 起司粉 | 1大匙 |
| | | 牛奶 | 1又1/2大匙 |

A

起司粉（帕馬森起司粉）、黑胡椒
……………………………………各適量

## 作法

1　將高麗菜切大塊，紅蘿蔔及番薯切成5mm厚的圓片。青花菜及白花椰菜分成小朵，培根切成4cm長。長棍麵包切成5mm厚的片狀，再切一半。

2　在**平面烤盤**中倒入一半的橄欖油，將火力調至（MED）。將長棍麵包及培根煎至焦脆後暫時取出。

3　將蔬菜鋪滿**2**的烤盤，撒上鹽、胡椒，淋上剩餘的橄欖油、1～2大匙的水（分量外），蓋上鍋蓋，以（MED）蒸烤6～8分鐘。蔬菜都蒸熟之後放入長棍麵包及培根，淋上攪拌混合好的**A**醬料，再撒上起司粉及黑胡椒。

# 披薩風烤櫛瓜

在櫛瓜切片上擺放罐頭鮪魚及乳酪絲。
乍看分量很多，但其實吃起來很清爽，也很適合下酒。

## 材料（3～4人份）

櫛瓜·····················································1～2條
番茄醬（或是披薩醬料）··························適量
披薩用乳酪絲··································100g
鮪魚罐頭（濾掉湯汁）·····················70g
黑胡椒·····················································少許
橄欖油·····················································1/2大匙

## 作法

1　將櫛瓜切成1cm厚的圓片。
2　在**平面烤盤**中倒入橄欖油，以（MED）加熱1～2分鐘。在烤盤中排放 **1**，將火力調至（LOW），蓋上鍋蓋加熱約3～5分鐘。
3　取下鍋蓋，依序放上番茄醬、披薩用乳酪絲、鮪魚，再蓋上鍋蓋，加熱3～4分鐘直到乳酪絲融化、櫛瓜烤熟為止。最後撒上黑胡椒。

# 炙燒鮪魚
# 佐酪梨及番茄

將鮪魚及蔬菜快速炙燒一下，就能做出一道端得上桌的料理。
可依喜好淋上一點巴薩米克醋，吃起來會更道地！

**材料**（2～3人份）

生鮪魚肉塊（稍大塊的魚肉）
...............................1又1/2塊
酪梨..........................1個
番茄..........................1個
鹽、黑胡椒..................各適量
橄欖油........................1大匙
巴薩米克醋（依喜好添加）......適量
檸檬（切瓣狀）...............1/2個

**作法**

**1** 用廚房紙巾擦乾鮪魚的水分，撒上多一點鹽及黑胡椒。將酪梨對半切開，去除皮及種籽後，切成1cm厚。番茄也切成1cm厚的圓片。

**2** 在**平面烤盤**中倒入橄欖油，以（**HI**）加熱，將**1**的鮪魚兩面都炙烤出焦色。在烤盤剩餘的空間排放酪梨及番茄，兩面各烤30秒～1分鐘，撒上鹽及黑胡椒後取出。

**3** 取出鮪魚，切成1cm厚的片狀，和**2**的酪梨及番茄一起盛入盤中。可依喜好淋上稍微熱煮過的巴薩米克醋，並附上檸檬。

# 鮮蔬佐香蒜鯷魚熱沾醬

將沾醬放在章魚燒烤盤中保溫，用喜歡的食材沾取享用！
烤盤孔洞的深度正好適合用小塊的蔬菜沾取醬料。

**材料**（容易製作的分量）

大蒜…………………………2～3瓣
牛奶……………………………1/2杯
　┌ 鯷魚醬…………略少於1大匙
A ├ 橄欖油……………………1/2杯
　└ 黑胡椒……………………少許
〈配料〉
蘑菇……………………………5朵
甜椒（黃）…………………1/2個
櫻桃蘿蔔………………………4個
小番茄…………………………8個
其他喜歡的配料，如西洋芹、小
　黃瓜、長棍麵包等…………適量

**作法**

**1** 將大蒜切成一半，和牛奶一起放入耐熱容器中微波加熱2～3分鐘。再和**A**一起放入食物調理機中攪拌（或是磨碎）。
**2** 將蔬菜及麵包切成方便入口的大小。
**3** 將**章魚燒烤盤**的火力設定在（**WARM**）～（**LOW**），在每個孔洞倒入**1**至1/3的高度，用叉子插取**2**沾上醬料享用。蘑菇等蔬菜要放到醬料中煮熟再品嚐。

# 蒜香奶油帆立貝

使用電烤盤煎烤帆立貝及蔬菜的同時，
放入烤盅的醬汁也完成了！這是一道輕鬆簡單的料理。

## 材料（2～3人份）

帆立貝柱（可生食）·········8～12個
鹽、黑胡椒··························各少許
蕪菁···································1～2個
蓮藕·································小1/2節
甜椒（紅）··························1/3個
橄欖油·································1大匙

A
┌ 奶油··································20g
│ 檸檬汁······················1又1/2大匙
│ 大蒜（磨成泥）·······················1瓣
│ 荷蘭芹（切碎末）
│ ·····························1又1/2大匙
└ 鹽···································少許

## 作法

**1** 在帆立貝的表面劃出淺淺的格子狀刀痕後，撒上鹽及黑胡椒。將蕪菁切成稍薄的瓣狀，蓮藕切薄片，甜椒也切成瓣狀。將**A**放入耐熱容器（如烤盅等）中混合備用。

**2** 將**平面烤盤**以（**MED**）預熱，倒入一半的橄欖油，在烤盤的半邊排放**1**的蔬菜煎烤，烤好之後翻面。裝入醬汁的耐熱容器也一起放在烤盤上加熱。

**3** 在烤盤剩餘的空間倒入另一半的橄欖油，以（**LOW**）～（**MED**）把帆立貝的兩面煎成金黃色。盛入盤中，在蔬菜及帆立貝淋上溫熱的奶油醬汁再品嚐。

# 白酒蒸鮭魚及香辛蔬菜佐塔塔醬

在蒸得鬆軟飽滿的鮭魚淋上大量滋味圓潤的塔塔醬。
餐桌上飄著白酒的香氣，令人不禁食指大動。

## 材料（4人份）

鮭魚切片（或是生鮭魚）......4片
鹽、胡椒......各少許
西洋芹......1/3根
紅蘿蔔......1/3根
洋蔥......1/2個
奶油......5g
白酒、水......各1/4杯
〈塔塔醬〉
水煮蛋......2個
酸黃瓜（切碎末）......1又1/2大匙
美乃滋......1/3杯
檸檬汁......2大匙
牛奶......適量
鹽、胡椒、砂糖......各適量

## 作法

**1** 用廚房紙巾擦乾鮭魚表面的水分，撒上鹽及胡椒。將西洋芹、紅蘿蔔切成細絲，洋蔥切薄片。

**2** 在**平面烤盤**上放入奶油後，將火力調至（**HI**）加熱融化奶油，把**1**的蔬菜鋪在烤盤中，接著放上鮭魚。均勻地淋上白酒及水，蓋上鍋蓋蒸煮5～8分鐘，將食材蒸熟。

**3** 蒸煮**2**的期間則製作塔塔醬。將水煮蛋切碎後，把牛奶以外的材料全部攪拌混合，最後再用牛奶調整醬料的濃度。

**4** 將**3**淋在蒸好的**2**上。最後可依喜好撒上義大利荷蘭芹（分量外）。

# 蕈菇燉飯

吸收了菇類鮮味的極品燉飯。
在柔和的滋味中加點辛辣的黑胡椒提味。

## 材料（3~4人份）

溫熱的白飯
⋯⋯⋯2碗再多一點（350g）
蘑菇、舞菇、鴻喜菇⋯⋯⋯共180g
大蒜⋯⋯⋯⋯⋯⋯⋯⋯⋯⋯⋯1瓣
奶油⋯⋯⋯⋯⋯⋯⋯⋯⋯⋯⋯10g
鹽、黑胡椒⋯⋯⋯⋯⋯⋯各少許
白酒⋯⋯⋯⋯⋯⋯⋯⋯⋯⋯3大匙
水⋯⋯⋯⋯⋯⋯⋯⋯⋯⋯1又1/4杯
起司粉⋯⋯⋯⋯⋯⋯⋯⋯⋯2大匙
荷蘭芹（切碎末）⋯⋯⋯⋯⋯適量

## 作法

1 將蘑菇切成薄片，舞菇及鴻喜菇則是切除根部後剝散。大蒜切成碎末。

2 使用**平面烤盤**，將火力調至（**MED**），放入奶油及蒜末拌炒，注意不要燒焦。炒出香氣之後加入**1**拌炒2~3分鐘，炒到稍微上色後撒上鹽及黑胡椒。

3 將火力調至（**HI**），依序加入白酒、飯及指定分量的水，蓋上鍋蓋煮3~4分鐘，過程中不時輕輕攪拌，煮到飯和水分完全融合。加入鹽、黑胡椒、起司粉調味。可依喜好撒上黑胡椒及荷蘭芹。

─ 使用大尺寸電烤盤製作時 ─

將材料改成以下分量製作（4~5人份）。白飯3碗半（550g）、蘑菇・舞菇・鴻喜菇共計270g、大蒜（切碎末）1又1/2瓣、奶油15g、鹽及黑胡椒各適量、白酒1/3杯、水1又3/4杯、起司粉3大匙、荷蘭芹（切碎末）適量

可以事先
做好的
輕鬆午餐

# 奶油雞肉咖哩

加入杏仁粉提味，就能讓作法簡單的料理吃起來很道地。
美味程度絕對能讓人一碗接一碗！

## 材料（3～5人份）

| | |
|---|---|
| 雞腿肉·····3大塊 | 杏仁粉·····3大匙 |

A
- 原味優格·····1杯再多一點
- 咖哩粉·····2大匙

洋蔥·····2又1/2個
奶油·····80g

鮮奶油（乳脂肪含量45%）·····1杯
溫熱的白飯·····適量
荷蘭芹（切碎末）、紅椒粉、辣椒
　粉（有的話）·····各少許

B
- 月桂葉·····3片
- 切丁水煮番茄罐頭·····1杯
- 薑（磨成泥）·····2小匙
- 大蒜（磨成泥）·····1瓣
- 水·····1杯
- 鹽·····1大匙
- （放少一點，最後再調整味道）
- 咖哩粉·····2～2又1/3大匙

## 作法

1　將雞腿肉去除皮和脂肪之後，切成2cm塊狀，加入 **A** 搓揉均勻
　　（有時間的話，醃漬30分鐘以上會更好吃）。洋蔥切成粗末。

2　在 **陶瓷料理深鍋** 中放入奶油，以（LOW）加熱，加入洋蔥拌
　　炒約5分鐘，將洋蔥炒至出水變軟。注意不要燒焦。

3　將 **1** 的雞腿肉連同醃料一起加入 **2** 中拌炒3分鐘，接著加入
　　**B** 蓋上鍋蓋以（HI）煮至沸騰。之後將火力調至（LOW）～
　　（MED），維持在微滾的狀態，煮10～15分鐘。過程中要不
　　時地攪拌（不小心煮過頭時，可另外加點水來調整）。

4　加入杏仁粉、鮮奶油煮約5分鐘，熬煮出適度的濃稠感。

5　淋在白飯上享用。可以在飯上撒點荷蘭芹末，也可以在咖哩中
　　撒上紅椒粉或辣椒粉。

# 歐風糖醋竹筴魚

在歐洲非常受歡迎的一道菜，帶有清爽的酸味。
趁熱吃當然是最好吃的，不過放涼了再吃還是很美味。

**材料**（3～4人份）

竹筴魚 …4尾（去除稜鱗沿著中骨切成3片）
鹽、胡椒、低筋麵粉 …………………各適量
甜椒（黃）………………………………1/3個
紅蘿蔔……………………………………1/2根
洋蔥………………………………………1/2個
大蒜………………………………………1瓣
橄欖油……………………………………2大匙
白酒………………………………………2大匙
A ┌ 紅辣椒（去籽）………………………1根
　│ 月桂葉……………………………………2片
　│ 白酒醋（或是醋）……………………4大匙
　│ 水………………………………………80㎖
　│ 蜂蜜……………………………1又1/2大匙
　│ 鹽………………………………………1/2小匙
　│ 西式高湯塊……………………………1/3個
　└ 胡椒……………………………………少許
橄欖油（依喜好添加）…………………適量

**作法**

1 將竹筴魚抹上鹽、胡椒及低筋麵粉。甜椒、紅蘿蔔切成細絲，洋蔥切薄片，大蒜則切成碎末。

2 在**平面烤盤**中倒入橄欖油，以（HI）加熱，放入**1**的竹筴魚把兩面煎得金黃酥脆。

3 將**1**的蔬菜加入**2**中快炒1～2分鐘，接著加入白酒及**A**。可以趁熱直接享用，也可以移至調理盤中放涼再品嚐。做好之後可依喜好淋上橄欖油。

# 義式獵人燉雞

義大利的傳統料理，原文的Cacciatora是「獵人風格」的意思。
番茄中溶入了雞肉的風味，變成了美味的醬汁。

## 材料（3～4人份）

雞腿肉······················2塊
鹽、黑胡椒、低筋麵粉·····各少許
青椒······················3個
洋蔥······················1/2個
大蒜······················1瓣
橄欖油····················1又1/2大匙
白酒······················2大匙
　┌切丁水煮番茄罐頭········2/3罐
　│　（約270g）
　│砂糖··················1小匙
Ａ│鹽、黑胡椒·············各少許
　│奧勒岡（乾燥）··········少許
　└紅辣椒（去籽）··········1根

## 作法

1 將雞肉去除多餘的脂肪後，每塊分切成3～4等分，抹上鹽、黑胡椒及低筋麵粉。
2 將青椒切成4～6等分的瓣狀，洋蔥切薄片，大蒜則切成碎末。
3 在**平面烤盤**中倒入橄欖油，將火力調至（HI）預熱2～3分鐘，接著把**1**的雞肉帶皮面朝下放入烤盤中，將兩面煎至金黃酥脆。
4 將火力調至（MED），在**3**剩餘的空間放上**2**拌炒1～2分鐘，使食材均勻地裹上油脂，接著依序加入白酒及A。蓋上鍋蓋，將火力調至（LOW）～（MED），燉煮5～8分鐘，煮到雞肉熟透。燉煮期間要不時地攪拌，使配料能均勻地裹上醬汁。

# 白酒燉蘋果豬里肌

厚切豬肉很適合搭配蘋果一起燉煮。
白酒及香草的香氣讓午餐感覺更加高雅華麗。

## 材料（2～3人份）

厚切豬里肌·······························3塊
鹽、胡椒、低筋麵粉········各少許
蘋果···········································2/3個
洋蔥···········································1/2個
大蒜···············································1瓣
奶油·············································10g
白酒···········································1/4杯
水·············································1/3杯
白酒醋（或是檸檬汁）

·················································1大匙
綜合乾燥香草·····················適量
鹽·················································少許

## 作法

1 將豬肉抹上鹽、胡椒及低筋麵粉（鹽多抹一點）。
2 將蘋果去芯後，切成瓣狀薄片。洋蔥切薄片，大蒜切成碎末。
3 使用**平面烤盤**，以（MED）預熱，放入奶油使其融化，再放上豬肉。煎烤2～3分鐘，出現焦色後翻面，在烤盤剩餘的空間放入**2**稍微拌炒一下。
4 將火力調至（HI）後加入白酒，蓋上鍋蓋煮至沸騰，接著打開鍋蓋煮1～2分鐘，使酒精揮發。加入水、白酒醋，蓋上鍋蓋以（MED）煮約5分鐘，將豬肉煮熟。最後加入綜合乾燥香草及鹽調味。

# 法式蔬菜燉雞

適合酒後品嚐的湯料理。
溫和的滋味不只暖胃，也讓心暖了起來。

## 材料（3～4人份）

| | |
|---|---|
| 小雞腿 | 6支 |
| 鹽、胡椒 | 各少許 |
| 洋蔥 | 1又1/2個 |
| 蕪菁 | 2個 |
| 高麗菜 | 1/3個 |
| 紅蘿蔔 | 1根 |
| 西洋芹 | 1/2根 |

| A | | |
|---|---|---|
| | 黑胡椒粒 | 8顆 |
| | 月桂葉 | 2片 |
| | 西式高湯塊 | 2個 |
| | 白酒 | 3大匙 |
| | 熱水 | 4杯 |

| | |
|---|---|
| 鹽 | 少許 |
| 柚子胡椒、黃芥末醬（依喜好添加） | |
| | 適量 |

## 作法

1　將雞肉以鹽及胡椒調味。洋蔥切成4等分，蕪菁去皮後，連同莖的部分切成4等分，用竹籤等工具把葉片縫隙仔細地清洗乾淨。高麗菜切成瓣狀。紅蘿蔔切成一半的長度後，再切成略粗的棒狀。挑除西洋芹的粗纖維後，切成6cm長。

2　將**A**及**1**放入**陶瓷料理深鍋**中，蓋上鍋蓋，以（**HI**）煮至沸騰之後，將火力調至（**LOW**）～（**MED**）維持微滾的狀態，繼續煮20～30分鐘。加鹽調味後盛入盤中，附上柚子胡椒及黃芥末醬。

# 俄式燉牛肉

使用平面烤盤，短時間就能做好的燉煮料理。
搭配白飯便可輕鬆完成一道午餐！

**材料**（3～4人份）

牛肉薄片·······················300g
洋蔥···························2/3個
蘑菇···························4朵
大蒜···························1瓣
鹽、黑胡椒······················各適量
奶油···························10g
白蘭地··········2大匙（沒有的話可用紅酒或白酒代替）
　┌切丁水煮番茄罐頭···············1/2杯
　│多蜜醬汁·····················1/3杯
**A**│水·············1/2杯（不要一口氣加入，分次少量加入調整）
　│月桂葉·······················2片
　└西式高湯塊····················1/4個
鮮奶油·························3大匙
黑胡椒（依喜好添加）················少許
溫熱的白飯（可依喜好換成奶油飯或薑黃飯）···適量
荷蘭芹（切碎末）··················少許

**作法**

1. 將牛肉切成4cm寬，撒上多一點鹽及黑胡椒。洋蔥及蘑菇切成薄片，大蒜切成碎末。
2. 使用**平面烤盤**，以（MED）預熱，放入奶油使其融化，再依序加入**1**的牛肉、大蒜、洋蔥、蘑菇拌炒。
3. 加入白蘭地後，將火力調至（HI），拌炒2～3分鐘使酒精揮發，接著加入**A**攪拌混合。將火力調至（LOW）～（MED），蓋上鍋蓋煮5～8分鐘後加入鮮奶油混合。以鹽及黑胡椒調味。
4. 盛入盤中，可依喜好撒上黑胡椒，附上白飯並撒上荷蘭芹末。

# 醬料滿滿的千層麵

搭配肉醬及白醬，分量十足！
因為煮得十分入味，即使稍微放涼還是很好吃。

**材料**（平面烤盤1片份）

千層麵皮·······················6片
肉醬·························參照下方
　（也可使用現成商品約800g）
白醬·························參照下方
　（也可使用現成商品約600g）
披薩用乳酪絲····················120g
奶油··························適量
鹽···························適量

**作法**

1. 將千層麵皮放入加了鹽的大量熱水中，比包裝上標示的時間多煮1～2分鐘，煮好之後泡一下冷水，再用廚房紙巾稍微把水分擦乾。使用市售白醬時，如果白醬太濃稠可以加少量的牛奶（分量外）稀釋，再以鹽及胡椒（分量外）調味。
2. 將**平面烤盤**塗上奶油，在最下方鋪上1/3分量的肉醬，接著放上3片千層麵皮。再依序放入剩餘分量一半的肉醬、白醬、3片千層麵皮。最後再依序放上剩下的肉醬及乳酪絲。
3. 蓋上鍋蓋，以（MED）煮2～3分鐘，接著將火力調至（LOW）煮約10～12分鐘，加熱至乳酪絲融化為止。

## 肉醬食譜
（使用陶瓷料理深鍋，沒有的話就用一般的鍋子製作）

1. 使用**陶瓷料理深鍋**，將火力調至（MED），放入豬牛混合絞肉400g拌炒，接著用廚房紙巾吸除油脂。倒入2大匙橄欖油，加入切碎的洋蔥2/3個份及大蒜1瓣份繼續拌炒。
2. 當洋蔥拌炒到變半透明，所有材料都均勻地裹上油脂之後，依序加入紅酒1/3杯、切丁水煮番茄罐頭1又1/2罐、月桂葉2片，將火力調至（HI）煮至沸騰。
3. 蓋上鍋蓋，以（LOW）～（MED）燉煮15～20分鐘，過程中要不時地攪拌（若水分蒸發太多，可以稍微加一點水調整）。熬煮到適當的濃度後，加入鹽及胡椒各少許、砂糖2小匙調味。分次少量地加入太白粉水（太白粉1大匙＋水1又1/2大匙）並視情況調整，增加濃稠感。

## 白醬食譜
（容易製作的分量／剩餘的白醬可冷凍保存）

1. 將奶油50g、低筋麵粉6大匙放入耐熱缽盆中，鬆鬆地覆蓋上保鮮膜，微波加熱1～1分30秒，奶油融化後再用打蛋器快速地攪拌混合。
2. 分次少量地加入2又1/2杯牛奶，一邊加入一邊用打蛋器攪拌，接著加入鹽1/2小匙及少許胡椒攪拌混合。鬆鬆地覆蓋上保鮮膜，微波加熱5～6分鐘，加熱過程中要攪拌1～2次，呈現均勻的濃稠狀就完成了。

# 奶油芥末
# 炒雞肉蘆筍

最後加入鮮奶油增添濃醇滋味的炒雞肉。
辛辣的芥末醬有畫龍點睛的效果。

## 材料（2～3人份）

| | | | | |
|---|---|---|---|---|
| 雞腿肉 | 2塊 | | 白酒 | 3大匙 |
| 鹽、胡椒、低筋麵粉 | 各適量 | | 水 | 1/2杯 |
| 洋蔥 | 1/2個 | | 鮮奶油 | 1/2杯 |
| 蘆筍 | 4根 | A | 顆粒芥末醬 | 1大匙 |
| 奶油 | 5g | | 鹽、胡椒 | 各少許 |

## 作法

1  將雞肉去除多餘的脂肪後，切成2～3等分，並片開成均勻的厚度。抹上鹽、胡椒及低筋麵粉。洋蔥切成薄片。用刨刀把蘆筍根部的硬皮削掉之後，切成3～4等分長。

2  使用 **平面烤盤**，以（MED）預熱，放入奶油使其融化，再加入1的雞肉把兩面都煎過。將洋蔥放在烤盤剩餘的空間，拌炒2～3分鐘，注意不要燒焦。

3  將火力調至（HI），加入白酒煮至酒精揮發，再加入水，蓋上鍋蓋煮至沸騰。接著以（LOW）～（MED）煮4～6分鐘，把食材煮熟。

4  煮熟之後加入蘆筍及A，稍微攪拌一下，蓋上鍋蓋煮3～4分鐘，熬煮過程中要一邊攪拌。

# 義式水煮魚

美味關鍵在於魚貝類鮮味的漁夫料理。
建議將剩下的湯汁留著,用來製作義大利麵或燉飯。

## 材料(2~3人份)

鯛魚等較小的白肉魚
　　　　　　　　1尾(也可使用鯛魚片3片)
蛤蜊　　　　　　　　　　　　　250g
洋蔥　　　　　　　　　　　　1/3個
西洋芹　　　　　　　　　　　5cm份
大蒜　　　　　　　　　　　　1瓣
小番茄　　　　　　　　　　　6個
酸豆　　　　　　　　　　1又1/2大匙
黑橄欖　　　　　　　　　　　30g
橄欖油　　　　　　　　　　　1大匙
百里香(有的話)　　　　　　2~3根
白酒　　　　　　　　　　　　1/3杯
水　　　　　　　　　　　　　1/2杯
鹽、黑胡椒　　　　　　　　各適量
最後添加的橄欖油、黑胡椒
　　(依喜好添加)　　　　　1大匙

## 作法

**1** 將鯛魚兩面劃出十字刀痕,接著在兩面撒上鹽及黑胡椒。洋蔥、西洋芹、大蒜都切成碎末。

**2** 在**平面烤盤**中倒入橄欖油,以(MED)預熱2~3分鐘,放入**1**的鯛魚,從盛盤時放正面的那一側開始煎,煎1~2分鐘上色後翻面。

**3** 在烤盤剩餘的空間放入**1**的蔬菜拌炒一下,接著將火力調至(HI),整體裹上油脂之後加入蛤蜊。倒入白酒煮沸,使酒精揮發之後,加入水、小番茄、酸豆、黑橄欖及百里香,蓋上鍋蓋加熱約5分鐘。加熱過程中要不時地把湯汁淋在鯛魚上。

**4** 等**3**的鯛魚煮熟、蛤蜊也全開時,將電源開關切至(OFF),可依喜好淋上橄欖油,撒上黑胡椒。

＊將鯛魚去除鱗片、魚鰓、內臟後,用水清洗乾淨,再用廚房紙巾仔細地擦乾水分。
＊將蛤蜊放入濃度3%的鹽水中吐沙2~3小時,再用流動的水搓洗乾淨。

# 茄汁燴豬肉

使用豬肉薄片，可以在短時間內完成的美味料理。
請搭配麵包或米飯一起品嚐。

**材料**（2～3人份）

| | |
|---|---|
| 薑汁燒肉用的肉片 | 4～6片 |
| 鹽、胡椒、低筋麵粉 | 各適量 |
| 洋蔥 | 2/3個 |
| 大蒜 | 1瓣 |
| 奶油 | 5g |
| 橄欖油 | 1/2大匙 |
| 白酒 | 2大匙 |
| A ┌ 番茄醬 | 1/3杯 |
| 伍斯特醬 | 1大匙 |
| └ 水 | 3大匙 |
| 義大利荷蘭芹 | 適量 |

**作法**

1 將豬肉抹上鹽、胡椒及低筋麵粉。洋蔥切薄片，大蒜切成碎末。
2 使用**平面烤盤**，以（MED）預熱，放入奶油及橄欖油，再放入**1**的肉片煎烤兩面。
3 加入白酒後蓋上鍋蓋，將火力調至（HI）煮至沸騰。取下鍋蓋，煮1～2分鐘使酒精揮發，再以（MED）煮3～5分鐘把肉煮熟。
4 加入**A**，使材料均勻地裹上醬汁。最後放上義大利荷蘭芹。

┌─ 使用大尺寸電烤盤製作時 ─

將材料改成以下分量製作（4～5人份）。薑汁燒肉用的肉片6～9片、鹽·胡椒·低筋麵粉各適量、洋蔥1個、大蒜1又1/2瓣、奶油8g、橄欖油略少於1大匙、白酒3大匙、**A**（番茄醬1/2杯、伍斯特醬1又1/2大匙、水1/3杯）、義大利荷蘭芹適量

# 酥脆香草白肉魚

將鬆軟的白肉魚裹上混入香草的酥脆麵包粉。
請擠上檸檬汁再享用！

## 材料（2～3人份）

生鱈魚切片（或是鯛魚等）
　　　　　　　　　　　　3片
鹽、胡椒　　　　　　　各少許
低筋麵粉、蛋液　　　　各適量
A　麵包粉　　　　　　　2/3杯
　　起司粉　　　　　1又1/2大匙
　　乾燥香草　　　　　2/3大匙
　　鹽、黑胡椒　　　　各少許
橄欖油　　　　　　　2～3大匙
檸檬（切圓片）　　　　　適量
搭配的蔬菜（依喜好添加）　適量

## 作法

1 將鱈魚依序抹上鹽、胡椒、低筋麵粉、蛋液、混合好的 **A**。
2 在 **平面烤盤** 中倒入一半的橄欖油，以（MED）預熱，放入 **1** 的魚片，從盛盤時放正面的那一側開始煎。火力太強的話就調至（LOW），煎3～4分鐘，注意不要燒焦。
3 加入剩下的橄欖油之後翻面，蓋上鍋蓋，用同樣的方式煎2～3分鐘，將魚肉煎熟。盛入盤中，附上檸檬、蔬菜等。

---

# 西班牙海鮮飯

擺滿各式海鮮，外觀也很華麗的西班牙海鮮飯。
無論是當作壓軸料理或是只有這一道菜，都讓人感到十分滿足。

## 材料（2～3人份）

蝦子（帶殼）…4尾（去除腸泥並剪除蝦尾末端）
淡菜　　　　　7個（或是已吐沙的蛤蜊150g）
白酒　　　　　　　　　　2大匙
洋蔥　　　　　　　　　　1/6個
大蒜　　　　　　　　　　1瓣
米（不用淘洗／或是用無洗米）　225g
A　熱水　　340ml（略少於1又3/4杯）
　　鹽　　　　　　1/4～1/3小匙
　　西式高湯塊　　　　　2/3個
　　番紅花粉　1小撮（或是薑黃粉適量）
胡椒　　　　　　　　　　少許
橄欖油　　　　　　　　　2大匙
B　甜椒（黃色・1.5cm丁狀）　1/3個
　　黑橄欖（去籽並切片）　15g
　　番茄（1.5cm丁狀）　　1/2個
　　培根　　　　2片（切成1cm寬）
荷蘭芹（切碎末）　　　1～2大匙
黑胡椒　　　　　　　　　適量
檸檬（切瓣狀）　　　　　1/2個

## 作法

1 將蝦子及淡菜撒上胡椒、淋上白酒備用。
2 將洋蔥、大蒜切成碎末。
3 在 **平面烤盤** 中倒入橄欖油，以（MED）加熱，放入 **2** 及生米拌炒1～2分鐘，注意不要燒焦。
4 加入 **A**，蓋上鍋蓋以（HI）煮至沸騰之後，取下鍋蓋大幅攪拌約3次。
5 將火力調至（LOW），把 **1**（連同白酒）及 **B** 漂亮地排放在烤盤中。
6 蓋上鍋蓋，加熱約18分鐘，炊煮到湯汁幾乎收乾。試吃一下米飯，軟硬度剛好的話就可以取下鍋蓋，以（MED）加熱1～2分鐘，將剩餘的水分煮乾。撒上荷蘭芹、黑胡椒、檸檬。

＊事先將 **A** 混合備用。
＊可依喜好將培根換成雞腿肉1/2塊並切成4cm塊狀，以鹽及胡椒調味。

# 蒜香蘆筍蛤蜊
# 義大利麵

從頭到尾，只用一個陶瓷料理深鍋就能完成的義大利麵。
吸滿蛤蜊鮮味的義大利麵，真的非常美味！

**材料**（2～3人份）

義大利直麵
　（3分鐘快煮麵條，直徑1.6mm）… 200g
蛤蜊（已吐沙）………………………… 200g
蘆筍 ……………………………………… 4根
橄欖油 ………………………… 1又1/2大匙
大蒜（切碎末）………………………… 2瓣
洋蔥（切薄片）……………………… 1/2個
紅辣椒（去籽）………………………… 1根
白酒 …………………………………… 2大匙
A ┌ 西式高湯塊 ………………………… 1/2個
　└ 熱水 ……………………………… 2杯
鹽、黑胡椒 …………………………… 各少許
最後淋上的橄欖油（依喜好添加）
　………………………………………… 適量

**作法**

1 用刨刀把蘆筍根部的硬皮削掉，再斜切成4～5等分。
2 在**陶瓷料理深鍋**中倒入橄欖油，以（HI）加熱，放入大蒜、洋蔥、紅辣椒拌炒。
3 依序加入白酒及**A**，蓋上鍋蓋煮至沸騰之後，放入義大利麵條。加熱1～2分鐘，加熱過程中要不時地攪拌，以免麵條黏在一起。接著加入蛤蜊及**1**，蓋上鍋蓋並不時地攪拌，比包裝上標示的時間多煮約1～2分鐘，將麵條煮到適當的熟度。
4 等蛤蜊全部打開之後，加鹽及黑胡椒調味。最後可依喜好淋上適量的橄欖油。

# 番茄奶油螺旋麵

經典的番茄奶油螺旋麵,也可以只用一個陶瓷料理深鍋完成。
加入一點奧勒岡就能做出道地的味道!

## 材料(2～3人份)

螺旋麵……………………………200g
培根……………………………………2片
茄子……………………………………2條
洋蔥………………………………1/2個
大蒜……………………………………1瓣
橄欖油…………………………1又1/2大匙
切丁水煮番茄罐頭………300g
A 西式高湯塊……………………1/2個
熱水…………………………………2杯
鮮奶油…………………………1/4杯
鹽、黑胡椒、奧勒岡……………適量
起司粉(依喜好添加)…………適量

## 作法

1 將培根切成1cm寬,茄子縱向切半,再切成5mm寬。洋蔥切薄片,大蒜切成碎末。

2 使用**陶瓷料理深鍋**,以(HI)加熱,放入橄欖油及**1**拌炒2～3分鐘,使味道和油脂融合。

3 加入**A**,蓋上鍋蓋煮沸之後,放入螺旋麵攪拌。再次蓋上鍋蓋,一邊煮一邊不時地攪拌,按照包裝上標示的時間煮麵,並確認麵條的軟硬度。太硬的話可以多煮1～2分鐘(麵條煮軟之前水分就蒸發掉的話,可以另外加入適量的熱水調整)。

4 加入鮮奶油攪拌混合,再以鹽、黑胡椒、奧勒岡調味,可依喜好撒上起司粉。

午餐後
來份甜甜的
點心

# 層疊鏟式蛋糕

鬆軟濕潤的海綿蛋糕，搭配柔滑的鮮奶油及喜歡的水果。
即使用餐過後，感覺還是能吃下很多蛋糕！

## 材料（陶瓷料理深鍋1個份）

| | |
|---|---|
| 蛋 | 3個 |
| 砂糖 | 90g |
| 低筋麵粉 | 70g |
| 奶油 | 15g |
| A 砂糖 | 2大匙 |
| A 水 | 2大匙 |
| A 洋酒 | 1/4小匙 |
| B 鮮奶油 | 200g |
| B 砂糖 | 15g |

喜歡的水果（照片中為奇異果、草莓、柳橙）、香草（薄荷葉）、可依喜好添加的焦糖醬、糖粉等 …… 適量

＊低筋麵粉事先過篩備用。蛋要先退冰至常溫狀態。
＊事先在陶瓷料理深鍋中鋪上烘焙紙。
＊將奶油放入耐熱容器中，微波加熱30～40秒左右，使其融化。

## 作法

1 將蛋打入缽盆中，加入一半的砂糖，用電動攪拌器把蛋打發。蛋液出現黏稠感之後，加入剩下的砂糖繼續打發。打到蛋液變白、體積膨脹至2～3倍，流下來的蛋液可以畫出線條的程度。

2 在 **1** 中加入低筋麵粉，用橡皮刮刀切拌混合。接著加入融化的奶油，將麵糊快速地攪拌均勻，注意不要過度攪拌。

3 將鋪了烘焙紙的陶瓷料理深鍋以（LOW）加熱2分鐘，接著倒入 **2**。蓋上鍋蓋，以（LOW）加熱25～35分鐘。加熱過程中要確認一下狀態，並調整火力。當蛋糕表面烤熟後即可關火，繼續燜5～10分鐘。接著將蛋糕連同烘焙紙一起取出放在網架上，蓋上濕布巾（或是沾水擰乾的廚房紙巾）靜置冷卻。放涼之後再放回陶瓷料理深鍋中，放入冰箱中冷藏。

4 將 **A** 倒入耐熱容器中，以微波爐加熱40～50秒，把砂糖溶化之後放涼備用。

5 將 **B** 的砂糖加入鮮奶油中，打至7分發泡的狀態（濕性發泡）。

6 將 **4** 的糖漿塗在 **3** 的海綿蛋糕上，再均勻地抹上 **5** 的發泡鮮奶油。放上喜歡的水果，最後可依喜好淋上焦糖醬或撒上糖粉。

# 橙汁可麗餅

口感Q軟的可麗餅，搭配稍微煮過的酸甜柳橙醬汁。
趁熱盛入盤中，做成法式餐廳會端出的甜點！

Kutsu Kutsu

## 材料（容易製作的分量）

### 〈可麗餅皮12～14片份〉

|  |  |  |
|---|---|---|
| A | 低筋麵粉 | 100g |
|  | 砂糖 | 1大匙 |
|  | 鹽 | 1小撮 |
| 蛋 | | 2個（打散成蛋液） |
| 牛奶 | | 250mℓ |
| 奶油 | | 20g |

### 〈柳橙醬汁〉

|  |  |  |
|---|---|---|
| 細砂糖 | | 50～60g |
| B | 洋酒（柑曼怡香橙甜酒、白蘭地、君度橙酒等） | 1小匙 |
|  | 柳橙汁 | 1杯 |
|  | 檸檬汁 | 1/2大匙 |
|  | 奶油 | 3g |

香草冰淇淋、柳橙、薄荷葉……適量

＊將奶油20g放入耐熱容器中，不蓋保鮮膜，用微波爐加熱20～30秒融化備用。
＊將牛奶先用微波爐加熱至人體肌膚的溫度。

## 作法

**1** 將 **A** 放入缽盆中，用打蛋器攪拌混合。

**2** 在中間挖出一個淺淺的凹洞，分2次倒入蛋液，每次加入時都要用力並快速地把麵粉和周圍的蛋液混合（一口氣混合會產生結塊）。最後把整體確實拌勻。

**3** 分次少量地加入牛奶，並確實攪拌混合。加入融化的奶油攪拌均勻。覆蓋上保鮮膜，置於常溫下30分鐘。

**4** 使用**平面烤盤**，以（MED）加熱，在烤盤塗上少量煎可麗餅皮用的奶油（分量外）。倒入約2/3勺**3**的麵糊，用湯勺底部把麵糊快速地抹成薄薄的圓片。等餅皮邊緣微微翹起並變成咖啡色時即可翻面，再煎約30秒等餅皮表面變乾之後，取出放入盤中。剩餘的麵糊也用同樣的方式煎烤，再把煎好的餅皮疊起來。煎完之後，將每片餅皮折成4折（對折再對折）。

**5** 製作柳橙醬汁。將細砂糖放入**平面烤盤**中，以（MED）加熱，接著加入**B**，以（HI）煮至沸騰之後，放入9片**4**（剩下的餅皮可冷凍保存）。淋上醬汁再煮1～2分鐘。盛入盤中，附上香草冰淇淋、柳橙及薄荷葉。

# 莓果克拉芙緹

以牛奶及蛋為基底，撒上滿滿的莓果製成如布丁般的甜點。
雖然放涼也好吃，但是也很推薦趁熱搭配冰淇淋一起享用。

**材料**（平面烤盤1片份）

|  |  |
|---|---|
| 蛋 | 4個 |
| 鮮奶油 | 150㎖ |
| 牛奶 | 70㎖ |
| A 細砂糖 | 4大匙 |
| （沒有的話可用砂糖5大匙） | |
| 楓糖漿 | 1大匙 |
| 香草精 | 1～2滴 |
| 冷凍綜合莓果 | 160g |
| （沒有的話可用冷凍藍莓等） | |
| 奶油 | 適量 |
| 糖粉 | 適量 |
| 冰淇淋、發泡鮮奶油 | |
| （依喜好添加） | 適量 |

**作法**

1 將 **A** 攪拌混合。

2 將**平面烤盤**塗上奶油，以（**LOW**）預熱。倒入 **1** 之後，均勻地撒上冷凍綜合莓果。蓋上鍋蓋，加熱約12～15分鐘。

3 加熱到中心也凝固時即可關火，再燜3～5分鐘。在整體撒上糖粉，用鍋鏟或湯匙挖取分享。可依喜好搭配冰淇淋或發泡鮮奶油。

# PART.3
# 在家製作 居酒屋料理

**從下酒小菜到壓軸料理、甜點**
**都走和風路線的居酒屋菜單料理。**
**大家一起圍著電烤盤，開心熱鬧地享用晚餐吧！**

## 和風炸雞及 熱油香蒜鮮蔬

> 總之先來
> 乾一杯吧！
> 來點開胃菜

只要一個電烤盤，就能一邊炸肉一邊製作熱油香蒜蔬菜！
這是一道絕對可以讓大家邊吃邊開心聊天的料理。

**材料**（2～3人份）

| | |
|---|---|
| 雞腿肉 | 1塊（250g） |
| **A** ┌ 大蒜（磨成泥） | 1/2小匙 |
| 　　 ├ 醬油 | 2小匙 |
| 　　 └ 味醂、酒 | 各1小匙 |
| 蘑菇、青花菜、番薯、小番茄 | 適量 |
| **B** ┌ 大蒜（磨成泥） | 1/2小匙 |
| 　　 ├ 鹽 | 1/4小匙 |
| 　　 └ 橄欖油 | 4大匙 |
| 橄欖油 | 適量 |
| 太白粉 | 2大匙 |

## 作法

1　將雞腿肉切成2.5cm左右的塊狀，加入混合均勻的**A**揉捏醃漬。蘑菇對半切開，青花菜分成小朵，番薯切小塊，分別水煮燙熟。

2　將**B**攪拌混合之後，放入**章魚燒烤盤**的其中2列（8個孔洞）。其餘4列（16個孔洞）則倒入適量的橄欖油，以（**MED**）加熱（要注意油太多的話，放肉時會溢出來）。

3　在放入**B**的孔洞中加入蔬菜，在倒入橄欖油的孔洞中放入裹上太白粉的**1**的雞肉。

4　將蔬菜煮熟後即可取出，放入其他喜歡的蔬菜。雞肉煮3～5分鐘之後翻面，慢慢地炸熟內部（將火力調至（**LOW**），注意不要燒焦）。

# 鱈寶燒

滋味溫和的鱈寶，很適合搭配乳酪絲和韓式辣椒醬。
鬆軟的口感讓人一吃上癮！

### 材料（4人份）

鱈寶（鱈魚豆腐）..........................2片
細蔥..........................................2根
韓式辣椒醬.............................1小匙
披薩用乳酪絲............................40g
麻油......................................1/2大匙

### 作法

1 將每片鱈寶切成8等分。
2 在**平面烤盤**中倒入麻油，放上鱈寶，以（**MED**）煎1～2分鐘。
3 翻面後，在一半的鱈寶放上細蔥和半份乳酪絲，另一半的鱈寶則塗上
　薄薄一層的韓式辣椒醬，再放上剩餘的乳酪絲，蓋上鍋蓋繼續煎1～2
　分鐘。

# 德式香腸炒南瓜

將平常的德式香腸炒馬鈴薯改用南瓜製作，變成鬆軟微甜的小菜。
咖哩和大蒜的香氣讓人食慾大開。

**材料**（4人份）

南瓜⋯⋯⋯1/4個再多一點（250g）
洋蔥⋯⋯⋯⋯⋯⋯⋯⋯⋯⋯⋯1/2個
德式香腸⋯⋯⋯⋯⋯⋯⋯⋯⋯⋯6根
A　奶油⋯⋯⋯⋯⋯⋯⋯⋯⋯⋯20g
　　大蒜（切碎末）⋯⋯⋯⋯1/2瓣
B　咖哩粉⋯⋯⋯⋯⋯⋯⋯⋯1/2小匙
　　醬油⋯⋯⋯⋯⋯⋯⋯⋯1/2大匙
　　鹽⋯⋯⋯⋯⋯⋯⋯⋯⋯⋯少許
荷蘭芹（切碎末）⋯⋯⋯⋯⋯適量

**作法**

1 將南瓜切成5mm厚的片狀，洋蔥切薄片，香腸切成一半的長度。
2 使用**平面烤盤**，放入 **A** 之後以（**MED**）加熱，加入**1**並蓋上鍋蓋，加熱8～10分鐘左右，加熱過程中要不時地拌炒一下。
3 炒熟之後加入 **B** 調味，再撒上荷蘭芹。

# 海苔起司山藥煎餅

用山藥泥製成口感鬆軟的煎餅。
可依喜好加入紅薑提味。

### 材料（2～3人份）

| | |
|---|---|
| 山藥 | 200g |
| 紅薑（依喜好添加） | 10g |
| A 披薩用乳酪絲 | 20g |
| 青海苔 | 1大匙 |
| 白醬油 | 1/2大匙 |
| 鹽 | 少許 |
| 太白粉 | 2大匙 |
| 麻油 | 1大匙 |

### 作法

**1** 將山藥磨成泥，加入切碎的紅薑。

**2** 將**1**的山藥泥放入缽盆中，加入**A**攪拌混合。

**3** 在**平面烤盤**中倒入麻油，將火力調至（**MED**），用湯匙舀取**2**的麵糊倒入烤盤中抹成薄薄的圓片，在上面放上紅薑，煎烤3分鐘左右。翻面再煎大約3分鐘。

# 櫻花蝦白蘿蔔煎餅

將白蘿蔔泥與長蔥混合而成的麵糊，用麻油煎得焦香酥脆。
外層香酥、內層Q彈的口感，讓人吃到筷子停不下來！

**材料**（2～3人份）

| | | |
|---|---|---|
| 白蘿蔔 | ························· | 200g |
| 長蔥 | ···················· | 1/3根 |
| A | 低筋麵粉 ················· | 50g |
| | 太白粉 ··················· | 50g |
| | 白醬油 ················· | 1/2大匙 |
| | 鹽 ······················ | 少許 |
| 麻油 | ···················· | 1大匙 |
| 櫻花蝦 | ···················· | 5g |

**作法**

1 將白蘿蔔磨成泥，長蔥切成碎末。
2 將**1**放入缽盆中，加入**A**攪拌混合。
3 在**平面烤盤**中倒入麻油，將火力調至（**MED**），放入分成10等分的
   **2**。在上面放上櫻花蝦，煎烤3分鐘左右。
4 翻面再煎大約3分鐘。

# 球形玉子燒

在鬆軟柔嫩的煎蛋中加入乳酪絲和明太子。
配料的鹹味讓溫和的雞蛋風味多了一點變化。

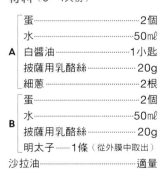

Koro Koro

**材料**（3～4人份）

|   |   |   |
|---|---|---|
| | 蛋 | 2個 |
| | 水 | 50㎖ |
| **A** | 白醬油 | 1小匙 |
| | 披薩用乳酪絲 | 20g |
| | 細蔥 | 2根 |
| | 蛋 | 2個 |
| | 水 | 50㎖ |
| **B** | 披薩用乳酪絲 | 20g |
| | 明太子 | 1條（從外膜中取出） |
| 沙拉油 | | 適量 |

**作法**

**1** 將 **A** 與 **B** 分別放入不同的缽盆中攪拌混合。

**2** 在**章魚燒烤盤**的孔洞中倒入沙拉油，用廚房紙巾塗抹開來。將火力調至（**MED**），等烤盤變熱之後，分別把 **A** 與 **B** 倒入孔洞中，等周圍開始凝固時用湯匙等工具翻面。

**3** 將火力調至（**LOW**）繼續加熱2～3分鐘，煮熟之後即可享用。

┌─ 使用大尺寸電烤盤製作時 ─

將材料改成以下分量製作（5～6人份）。**A**（蛋3個、水75㎖、白醬油1/2大匙、披薩用乳酪絲30g、細蔥3根）、**B**（蛋3個、水75㎖、披薩用乳酪絲30g、明太子1又1/2條·從外膜中取出）、沙拉油適量

# 山藥酪梨磯邊燒

將山藥及酪梨用海苔捲起，淋上梅子醬或味噌芥末醬一起品嚐。
煎烤熟度可依個人喜好加以調整。

## 材料（2～3人份）

| | |
|---|---|
| 山藥 | 長度6cm左右 |
| 酪梨 | 1/2個 |
| 烤海苔 | 2片 |
| 麻油 | 1/2大匙 |
| A 日式醃梅 | 1個 |
| 砂糖 | 1/2大匙 |
| 醋 | 1大匙 |
| B 味噌 | 1/2大匙 |
| 顆粒芥末醬 | 1/2大匙 |
| 砂糖 | 1/2小匙 |
| 醋 | 1小匙 |

## 作法

**1** 將山藥切成大約6cm長的條狀，酪梨縱切成6等分。烤海苔切成3cm左右的寬度，醃梅用菜刀剁成泥狀。

**2** 用海苔分別包捲山藥及酪梨。

**3** 將 **A**、**B** 分別攪拌混合。

**4** 在**平面烤盤**中倒入麻油，將火力調至（**MED**），放入 **2** 把每一面都煎過（想要享受山藥爽脆的口感，就不用煎到中間熟透。酪梨建議煎到略帶硬度的口感）。

**5** 將山藥淋上 **A**，酪梨則是淋上 **B** 一起品嚐。

# 燒肉手卷壽司

蔬菜
也很豐富！
分量滿點的
下酒菜

適合大家一起同樂的派對餐點。
雖然很有飽足感，
但是用生菜包著，吃起來就很清爽！

## 材料（2～3人份）

| | | |
|---|---|---|
| 牛肉薄片 | 250g | |
| **A** 大蒜（磨成泥） | 1/2小匙 | |
| 豆瓣醬 | 1小匙 | |
| 砂糖 | 1/2大匙 | |
| 酒、醬油 | 1大匙 | |
| 洋蔥 | 1/2個 | |
| 甜椒（紅） | 1/4個 | |
| 杏鮑菇 | 1根 | |
| 茄子 | 1條 | |
| 蘆筍 | 2根 | |
| 皺葉萵苣 | 8片 | |
| 雜糧飯（或是白飯） | 2碗（300g） | |
| 麻油 | 1/2大匙 | |
| 韓式辣椒醬（依喜好添加） | 適量 | |

## 作法

1 將牛肉切成一口大小，加入混合好的**A**醃漬10分鐘左右。

2 將洋蔥切成圓片，甜椒切細條狀。杏鮑菇及茄子縱切4等分。
  用刨刀把蘆筍根部的硬皮削掉之後，切成一半。

3 在**平面烤盤**中倒入麻油，將火力調至（**MED**），放入**1**、**2**煎
  烤一下。

4 分別煎熟之後，在萵苣上放上雜糧飯，再放上**3**，可依喜好加
  點韓式辣椒醬包捲起來享用。

# 味噌芥末雞肉
# 佐烤蕈菇

加入大蒜的味噌芥末醬讓人意猶未盡。
各種菇類的豐富口感吃起來開心又不會膩。

材料（2～3人份）

| | |
|---|---|
| 雞腿肉 | 1塊（300g） |
| 鴻喜菇 | 1/2包 |
| 蘑菇 | 2朵 |
| 杏鮑菇 | 1根 |
| 青花菜 | 6小朵 |
| **A** 橄欖油 | 1大匙 |
| 大蒜 | 1瓣 |
| **B** 砂糖 | 1/2大匙 |
| 味噌 | 1大匙 |
| 顆粒芥末醬 | 1大匙 |
| 醋 | 1大匙 |

作法

**1** 將雞腿肉切成一口大小。用手把鴻喜菇剝散。蘑菇對半切開。杏鮑菇縱向切半，長度也切成一半。青花菜用鹽水燙熟。

**2** 在**平面烤盤**中放入 **A**，將火力調至（**MED**），放入雞腿肉之後蓋上鍋蓋煎烤3～5分鐘。接著加入鴻喜菇、蘑菇、杏鮑菇繼續煎3～5分鐘。

**3** 加入青花菜點綴，再淋上攪拌混合好的 **B**。

┌─ 使用大尺寸電烤盤製作時 ─

將材料改成以下分量製作（4～5人份）。雞腿肉1又1/2塊（450g）、鴻喜菇1/2包、蘑菇4朵、杏鮑菇2根、青花菜10小朵、**A**（橄欖油1又1/2大匙、大蒜1瓣）、**B**（砂糖2小匙、味噌・顆粒芥末醬・醋各1又1/2大匙）

# 蔬菜肉串

可以大家一起輕鬆享用的串燒料理。
鮮美多汁的肉片搭配蔬菜的甜味，讓美味加倍！

## 材料（2～3人份）

豬肉薄片 ..................... 16片（240g）
長蔥 ............................................. 1根
蘆筍 ............................................. 2根
小番茄 ......................................... 4個
杏鮑菇 ......................................... 1根
麻油 ..................................... 1/2大匙
鹽 ............................................. 適量
檸檬（切瓣狀）.......................... 1/4個

## 作法

**1** 將豬肉捲在蔬菜上。
　**長蔥**：將4片豬肉排放在砧板上，放上長蔥。用肉把長蔥包捲起來，切成8等分。
　**蘆筍**：用刨刀把蘆筍根部的硬皮削掉之後，每根蘆筍用2片豬肉包捲起來。2根蘆筍都捲好之後，分別切成4等分。
　**小番茄**：摘下蒂頭，每個小番茄用1片豬肉包捲起來。
　**杏鮑菇**：切成4等分（縱切一半，再橫切一半）。每塊用1片豬肉包捲起來。

**2** 將**1**的材料用竹籤串起來。

**3** 在**平面烤盤**中倒入麻油，將火力調至（MED），放上**2**之後撒鹽，蓋上鍋蓋煎烤3～5分鐘。

**4** 翻面，不蓋鍋蓋繼續煎烤3～5分鐘。擠上一點檸檬汁再品嚐。

# 玉米起司煎餃及
# 紫蘇鍋貼

2種不同口味，變換包法，一樣煎得香香脆脆。
柔和的起司和清爽的紫蘇，2種都讓人一吃上癮！

Shiso Cheese
Corn

## 材料（2～3人份）

| | |
|---|---|
| 豬絞肉 | 100g |
| 高麗菜 | 100g |
| 韭菜 | 3根 |
| 鹽 | 1/4小匙 |
| 青紫蘇葉 | 4片 |
| A ┌ 加工起司 | 20g |
| └ 玉米粒 | 20g |
| 蠔油 | 1/2大匙 |
| 餃子皮 | 18片 |
| 麻油 | 1又1/2大匙 |

## 作法

**1** 將高麗菜及韭菜切成粗末，撒鹽之後靜置5分鐘左右，再把水分確實擠乾。青紫蘇葉縱切一半。起司切成5mm丁狀。

**2** 將豬絞肉放入缽盆中，加入**1**的高麗菜、韭菜及蠔油攪拌均勻。將肉餡分成2等分，其中1份加入**A**攪拌混合。

**3** 將和**A**混合的肉餡分成10等分放在餃子皮上，包起來後捏出皺摺（玉米起司煎餃）。將剩餘的肉餡分成8等分，在餃子皮中央放上青紫蘇葉，再放上肉餡捲成棒狀，並在餃子皮邊緣沾水從中間黏起來（紫蘇鍋貼）。

**4** 在**平面烤盤**中倒入1/2大匙麻油，將**3**排放在烤盤上，倒入100㎖的熱水（分量外），蓋上鍋蓋以（MED）～（HI）加熱。煎3～5分鐘後打開鍋蓋，煎到水分完全蒸發。加入剩下的麻油，將餃子皮煎至酥脆。

# 蔬菜雞肉餅

鬆軟的肉餅和爽脆的蔬菜，兩者形成對比的層次口感。
肉餅已經調味過了，可以不用沾醬直接品嚐。

## 材料（2～3人份）

| | |
|---|---|
| 雞絞肉 | 300g |
| 長蔥 | 1/2根 |
| 蓮藕 | 1/2條 |
| 四季豆 | 12根 |
| A 蛋 | 1/2個 |
| 味噌 | 1大匙 |
| 太白粉 | 2大匙 |
| 鹽、胡椒 | 各少許 |
| 麻油 | 1/2大匙 |

## 作法

1 將長蔥切成碎末，蓮藕切成圓片。四季豆用鹽水煮熟。
2 將雞絞肉放入缽盆中攪拌均勻，加入**A**及**1**的蔥末攪拌混合。
3 在手上抹點油（分量外），將肉餡分成12等分，其中6個捏成圓形放上蓮藕片，其餘的肉餡則各包捲2根四季豆。
4 在**平面烤盤**中倒入麻油，放入**3**之後蓋上鍋蓋，以（MED）加熱，兩面各煎烤2～3分鐘。

# 南蠻香蔥雞肉

以清爽的雞胸肉和蔥段搭配微辣的糖醋醬汁。
因為加了太白粉勾芡，所以醬汁會均勻地附著在雞肉上。

## 材料（3～4人份）

雞胸肉⋯⋯⋯⋯⋯⋯⋯⋯1塊（300g）

A
  酒⋯⋯⋯⋯⋯⋯⋯⋯⋯⋯⋯⋯1/2大匙
  鹽⋯⋯⋯⋯⋯⋯⋯⋯⋯⋯⋯⋯少許

長蔥⋯⋯⋯⋯⋯⋯⋯⋯⋯⋯⋯⋯1根
麻油⋯⋯⋯⋯⋯⋯⋯⋯⋯⋯⋯⋯1大匙
太白粉⋯⋯⋯⋯⋯⋯⋯⋯⋯⋯⋯1大匙

B
  辣椒（切圓片）⋯⋯⋯⋯⋯適量
  砂糖⋯⋯⋯⋯⋯⋯⋯⋯⋯⋯⋯1/2大匙
  醋⋯⋯⋯⋯⋯⋯⋯⋯⋯⋯1又1/2大匙
  醬油⋯⋯⋯⋯⋯⋯⋯⋯⋯1又1/2大匙

## 作法

**1** 將雞胸肉斜切成薄片，加入 **A** 揉捏混合，醃漬10分鐘左右。將長蔥切成大段。

**2** 在**平面烤盤**中倒入麻油，將火力調至（**MED**）。把雞胸肉裹滿太白粉之後，煎3～5分鐘。

**3** 將蔥段放到雞肉上，翻面再煎3～5分鐘。

**4** 等食材都煎熟之後加入混合好的 **B**，將整體拌勻。

┌─ 使用大尺寸電烤盤製作時 ─────────────
│ 將材料改成以下分量製作（4～5人份）。雞胸肉1又1/2塊（450g）、**A**（酒
│ 2小匙、鹽少許）、長蔥1又1/2根、麻油1又1/2大匙、太白粉1又1/2大匙、
│ **B**（辣椒．切圓片適量、砂糖2小匙、醋2大匙、醬油2大匙）
└────────────────────────────

# 和風起司香煎雞肉

將煎烤過的雞肉及蔬菜搭配大量濃稠的融化起司。
雞肉有先用柚子胡椒調味過，吃起來特別清爽。

## 材料（2～3人份）

| | |
|---|---|
| 雞腿肉 | 1塊（300g） |
| A 酒 | 1小匙 |
| 柚子胡椒 | 1小匙 |
| 番薯 | 中的1/3條 |
| 洋蔥 | 1/2個 |
| 鴻喜菇 | 1包 |
| 高麗菜 | 6片（300g） |
| 小松菜 | 1/4把 |
| 披薩用乳酪絲 | 100g |
| 麻油 | 1/2大匙 |

## 作法

1　將雞腿肉切成一口大小，加入 **A** 揉捏混合。將高麗菜、小松菜切成段狀。番薯切成扇形片，洋蔥切成1cm寬。用手把鴻喜菇剝散。

2　在**平面烤盤**中倒入麻油，將火力調至（MED），依序加入番薯、洋蔥、鴻喜菇、高麗菜、小松菜拌炒。

3　放上雞腿肉，蓋上鍋蓋蒸烤10分鐘左右。

4　將整體拌炒混合後，在中央騰出一個空間，放入披薩用乳酪絲，蓋上鍋蓋。等乳酪絲全部融化之後，將火力調至（WARM），用配料裹上融化的乳酪品嚐。

┌─ 使用大尺寸電烤盤製作時 ─

將材料改成以下分量製作（4～5人份）。雞腿肉1又1/2塊（450g）、**A**（酒1/2大匙、柚子胡椒1/2大匙）、中的番薯1/2條、洋蔥1個、鴻喜菇1又1/2包、高麗菜1/2個、小松菜1/2把、披薩用乳酪絲150g、麻油1大匙

# 豆腐大阪燒

在麵糊中加入豆腐，就能做出鬆鬆軟軟的口感！
雖然分量看起來很多，不過輕盈的口感讓人可以輕鬆吃完。

**材料**（2人份）

| | | | |
|---|---|---|---|
| 豬肉薄片 | 80g | 櫻花蝦 | 5g |
| 高麗菜 | 2片 | 沙拉油 | 1大匙 |
| 長蔥 | 1/4根 | **B** 大阪燒醬料 | 適量 |
| 板豆腐 | 1塊（300g） | 柴魚片、青海苔 | 各適量 |
| **A** 蛋 | 1個 | 美乃滋 | 適量 |
| 白醬油 | 1小匙 | | |
| 太白粉 | 4大匙 | | |

**作法**

**1** 將豬肉切成一口大小。高麗菜及長蔥則切成粗末。

**2** 將豆腐放入缽盆中，用手持式攪拌棒（或是食物調理機。都沒有的話，也可用打蛋器攪拌）打成滑順的泥狀，接著把**A**依序加入缽盆中充分攪拌均勻。

**3** 將高麗菜、蔥末、櫻花蝦加入**2**中，用刮刀以切拌方式大略攪拌混合。

**4** 在**平面烤盤**中倒入沙拉油，將火力調至（MED），把**3**分成2等分放入烤盤中，再放上豬肉片。蓋上鍋蓋煎烤3～5分鐘，接著翻面，將火力調至（LOW）～（MED），不蓋鍋蓋繼續煎烤3～5分鐘。

**5** 盛入盤中，淋上**B**即可享用。

# 香煎豆腐
# 佐苦瓜炒蛋

利用清爽的豆腐增添飽足感的一道菜！
苦瓜搭配蛋、罐頭鮪魚及洋蔥可以降低苦味。

_Let's eat!_

## 材料（2人份）

板豆腐⋯⋯⋯⋯⋯2/3塊（200g）
蛋⋯⋯⋯⋯⋯⋯⋯⋯⋯⋯1個
洋蔥⋯⋯⋯⋯⋯⋯⋯⋯⋯1/2個
苦瓜⋯⋯⋯⋯⋯⋯⋯⋯⋯1/2條
麻油⋯⋯⋯⋯⋯⋯⋯⋯⋯1大匙
太白粉⋯⋯⋯⋯⋯⋯⋯⋯2大匙
鮪魚罐頭⋯⋯⋯⋯⋯1罐（80g）
A ┌ 醬油・蠔油⋯⋯⋯各1/2大匙
  └ 黑胡椒⋯⋯⋯⋯⋯⋯⋯少許
柴魚片⋯⋯⋯⋯⋯⋯⋯⋯1小包

## 作法

1 將板豆腐切成10等分，瀝乾水分。將蛋打散成蛋液。洋蔥及苦瓜切成薄片。

2 在**平面烤盤**中倒入麻油，將火力調至（**MED**）。將豆腐均勻地裹滿太白粉，避開烤盤中央的位置，排放在烤盤上。在中央放入洋蔥、苦瓜一起拌炒。

3 將豆腐煎3～5分鐘之後翻面，加入濾掉湯汁（或油脂）的罐頭鮪魚及蛋液繼續拌炒。

4 將攪拌混合好的**A**淋在**3**上，撒上柴魚片。

# 香煎油豆腐佐番茄紫蘇

將油豆腐以麻油煎過後，放上淋滿酸甜醬汁的小番茄。
稍微炒過的小番茄會釋放出甜味，吃起來更加美味。

## 材料（3～4人份）

油豆腐·····················2塊
小番茄·····················16個
青紫蘇葉···················5片
麻油·······················1/2大匙
A ┌ 砂糖··················1大匙
  │ 醋····················2大匙
  │ 薄口（淡色）醬油······1/2大匙
  └ 鹽····················少許

## 作法

**1** 將油豆腐的厚度切成一半，再橫向切半（方便放上小番茄的大小）。小番茄縱切成4等分，青紫蘇葉切成細絲。

**2** 在**平面烤盤**中倒入麻油，將火力調至（**MED**），放入油豆腐煎2～3分鐘左右。

**3** 將油豆腐翻面，在烤盤剩餘的空間放入小番茄煎2～3分鐘。

**4** 將混合好的**A**淋在小番茄上拌勻，再擺放到油豆腐上，最後撒上青紫蘇絲。

┌─使用大尺寸電烤盤製作時─
│ 將材料改成以下分量製作（5～6人份）。油豆腐3塊、小番茄24個、青紫蘇
│ 葉8片、麻油2小匙、 **A**（砂糖1又1/2大匙、醋3大匙、薄口醬油2小匙、鹽少許）
└

# 鮭魚鏘鏘燒

飽滿又柔軟的蒸烤鮭魚配上鮮甜的蔬菜，令人感動的美味。
沾上鹹甜的味噌醬和奶油一起品嚐。

## 材料（2人份）

| | |
|---|---|
| 鮭魚 | 2片 |
| 高麗菜 | 4片 |
| 洋蔥 | 1/2個 |
| 紅蘿蔔 | 1/5根 |
| 舞菇 | 1/2包 |
| 奶油 | 20g |
| A　砂糖 | 1/2大匙 |
| A　味噌 | 1大匙 |
| A　酒 | 1大匙 |

## 作法

**1** 將高麗菜切成大塊，洋蔥切成1cm寬。紅蘿蔔切成長方形片狀。舞菇用手剝散。

**2** 在**平面烤盤**中放入一半的奶油，將火力調至（MED），放入鮭魚、洋蔥、紅蘿蔔片煎烤1～2分鐘。接著把鮭魚翻面，再加入舞菇煎烤1～2分鐘。

**3** 取出鮭魚，在烤盤中放入高麗菜，再把鮭魚放到高麗菜上，蓋上鍋蓋煎3～5分鐘。

**4** 淋上混合好的**A**，再放上剩餘的奶油。

# 清蒸鰤魚佐梅子蘿蔔泥

帶有梅子紫蘇風味，味道清淡爽口的料理。
口感柔軟的鰤魚也很適合搭配滿滿的白蘿蔔泥。

## 材料（2～3人份）

| | | |
|---|---|---|
| 鰤魚（火鍋魚片） | | 15片 |
| 青紫蘇葉 | | 5片 |
| A | 白蘿蔔 | 3/4條 |
| | 白醬油 | 2大匙 |
| B | 日式醃梅 | 2個 |
| | 砂糖 | 1/2大匙 |
| | 醋 | 1大匙 |
| | 麻油 | 1大匙 |

## 作法

1 將白蘿蔔磨成泥。**B** 的醃梅用菜刀剁成泥狀，青紫蘇葉切成細絲。

2 在**平面烤盤**中倒入混合好的 **A**，在上面擺放鰤魚片。接著淋上混合好的 **B**。

3 將火力調至（**HI**），煮至白蘿蔔泥冒泡微滾之後蓋上鍋蓋，將火力調至（**MED**）加熱3～5分鐘，可依個人喜好調整熟度，再放上青紫蘇葉。

┌─ 使用大尺寸電烤盤製作時 ─

將材料改成以下分量製作（4～5人份）。鰤魚（火鍋魚片）25片、青紫蘇葉8片、**A**（白蘿蔔1條、白醬油3大匙）、**B**（日式醃梅3個、砂糖2小匙、醋1又1/2大匙、麻油1又1/2大匙）

# 泡菜豬肉鍋

讓身體
暖呼呼的
鍋料理

將材料按照食譜依序放入鍋中，
蓋上鍋蓋蒸煮就可以了，作法十分簡單。
料吃完後可以用充滿鮮味的湯汁煮粥，做個愉快的結尾！

## 材料（2～3人份）

| | | | |
|---|---|---|---|
| 豬肉薄片 | 200g | A 水 | 600㎖ |
| 白菜 | 2片 | 味噌 | 1又1/2大匙 |
| 韭菜 | 4根 | 大蒜、薑（磨成泥） | |
| 鴻喜菇 | 1/2包 | | 各1/2小匙 |
| 黃豆芽 | 1包 | 白飯 | 2小碗（約250g） |
| 韓式泡菜 | 150g | 披薩用乳酪絲 | 40g |

（可依喜好將乳酪絲換成蛋）

## 作法

1 將白菜及韭菜切成段狀，鴻喜菇用手剝散。
2 將**A**放入 陶瓷料理深鍋 中，接著鋪滿白菜、黃豆芽，再依序放
　入鴻喜菇、韭菜、豬肉薄片及泡菜。
3 將火力調至（**HI**），蓋上鍋蓋蒸煮10分鐘左右。
4 品嚐時將火力調至（**WARM**），鍋中的料都吃完後加入白飯及
　乳酪絲（或蛋）煮成粥。

Poka Poka

Shime Zosui

# 關東煮

在寒冷的日子裡,想和大家聚在一起享用熱呼呼的關東煮。
用高湯燉煮入味的配料,有著不輸料理店的味道。

## 材料(4人份)

| | |
|---|---|
| 白蘿蔔 | 2cm厚4片 |
| 蒟蒻 | 1片 |
| 鱈寶 | 1片 |
| 烤竹輪 | 2根 |
| 蛋 | 3個 |
| 馬鈴薯 | 3個 |
| 飛龍頭(炸蔬菜豆腐丸子) | 3個 |
| 薩摩炸魚餅 | 3個 |
| A 高湯 | 1ℓ |
| 薄口醬油 | 2大匙 |
| 味醂 | 2大匙 |
| 鹽 | 少許 |

## 作法

1 將白蘿蔔削掉厚厚一層皮,並在其中一面劃出十字刀痕。將蒟蒻劃出淺淺的刀痕之後,沿著對角線切成4等分。將鱈寶切成4等分,竹輪切一半。

2 將蛋水煮15分鐘左右,剝掉蛋殼。馬鈴薯連皮一起水煮,煮到中間熟透後剝掉外皮。白蘿蔔用洗米水(沒有的話就用水)煮到竹籤可以輕鬆刺穿的程度。蒟蒻用熱水汆燙一下。

3 在**陶瓷料理深鍋**中放入 **A** 及鱈寶以外的材料,蓋上鍋蓋,將火力調至(**HI**)。煮沸後將火力調至(**MED**),繼續加熱20〜30分鐘。享用前再把鱈寶放入鍋中。

# 牛肉壽喜燒

先把牛肉快速煮過後取出，用煮過牛肉的湯汁煮蔬菜。
如此蔬菜就會吸滿牛肉的鮮味，肉也不會煮太久，吃起來柔軟又多汁。

## 材料（2人份）

| | |
|---|---|
| 牛肉薄片 | 200g |
| 烤豆腐 | 1/2塊（150g） |
| 白菜 | 2片 |
| 長蔥 | 1根 |
| 紅蘿蔔 | 1/3根 |
| 香菇 | 2朵 |
| 蒟蒻絲 | 1包 |
| A ┌ 砂糖 | 1大匙 |
| └ 酒、味醂、醬油 | 各2大匙 |
| 蛋（依喜好添加） | 適量 |

## 作法

1 將烤豆腐切成一口大小。白菜切成段狀，長蔥斜切成段狀。紅蘿蔔用模具壓出形狀，香菇用刀刻花。蒟蒻絲事先汆燙。

2 將**A**放入小鍋中，以中火煮至沸騰。

3 使用**平面烤盤**，將火力調至（HI），放入牛肉快速地拌炒（不用完全炒熟）。加入2大匙的**2**，讓牛肉沾滿醬汁後取出放在盤子上。

4 將**1**放入**3**中（容易出水的白菜鋪在最下面）。加入剩餘的**2**，蓋上鍋蓋，將火力調至（HI）蒸烤5分鐘。

5 放上**3**的肉片，蓋上鍋蓋，將火力調至（MED）繼續加熱3～5分鐘。可依喜好沾附蛋液品嚐。

# 炒麵飯加荷包蛋

先把麵條切碎，調味過後再拌炒，
就能輕鬆在家做出炒麵飯了。
使用大麥飯的話，就能炒出濕潤又粒粒分明的成品！

## 材料（2人份）

| | | | |
|---|---|---|---|
| 豬肉薄片 | 100g | 蛋 | 2個 |
| 紅蘿蔔 | 1/5根 | 大麥飯（或是白飯） | 1碗（150g） |
| 高麗菜 | 2片 | 鹽、胡椒 | 各少許 |
| 黃麵條 | 1球 | 青海苔、紅薑 | 各適量 |
| 中濃醬汁 | 3大匙 | | |
| 沙拉油 | 1大匙 | | |

## 作法

1  將豬肉薄片切成小塊，紅蘿蔔切絲，高麗菜切成小片。將麵條
   切成2cm長，放入塑膠袋中，加入1大匙中濃醬汁攪拌混合。

2  在**平面烤盤**中倒入1/2大匙沙拉油，將火力調至（MED），打
   入2個蛋煎成荷包蛋後，暫時取出放在盤子上。

3  倒入剩下的沙拉油，依序放入豬肉、紅蘿蔔、高麗菜拌炒。接
   著再加入大麥飯及麵條繼續拌炒。

4  加入剩下的中濃醬汁、鹽、胡椒調味。撒上青海苔，並附上紅
   薑。最後把2的荷包蛋放在炒麵飯上。

# 烤飯糰2種

外層酥香、內層鬆軟的烤飯糰有2種口味。
酸菜芝麻口味可以吃到爽脆的口感，起司則是和焦香的米飯很對味。

**材料**（4人份）

大麥飯（或是白飯）……4碗（600g）

A ┌ 日式醃梅……………………2個
　└ 加工起司…………………… 40g

B ┌ 日式酸菜（高菜）…………… 20g
　└ 白芝麻………………………1大匙

麻油……………………………1/2大匙

**作法**

1 將 **A** 的醃梅用菜刀剁成泥狀，加工起司切成丁狀。**B** 的酸菜則切成小段狀。

2 將大麥飯分成一半，分別加入 **A**、**B** 攪拌混合之後，各分成4等分，捏成三角形。

3 在**平面烤盤**中倒入麻油，放入 **2**，將火力調至（MED），每面各煎2～3分鐘。


# 肉捲飯糰

將飯捏成小圓球再用肉片包捲起來，放入章魚燒烤盤中煎烤。
事先調味好的肉片吃起來很柔嫩，這是可以當成下酒菜的飯糰。

**材料**（4人份）

雜糧飯（或是白飯）
………………3碗再多一點（480g）

豬肉薄片……………………… 24片

A ┌ 酒、味醂、醬油
　└ ………………………各1大匙

芥末……………………………適量

起司粉…………………………適量

**作法**

1 將豬肉薄片放入混合好的 **A** 中醃漬10分鐘左右。

2 將飯分成24等分，捏成圓球狀之後，用 **1** 包捲起來。

3 將 **2** 放入**章魚燒烤盤**中，以（MED）煎烤3～5分鐘之後翻面，用同樣方式繼續煎烤。

4 等豬肉薄片煎熟後，取一半的飯糰沾上芥末，另外一半則撒上起司粉享用。

# 雞肉鮮筍和風炊飯

米飯吸收了各種食材的鮮味，配料十分豐富的炊飯。
使用白醬油帶出淡淡的和風滋味。

## 材料（3～4人份）

雞腿肉·····················1塊（300g）
竹筍（水煮）···················1/2個
鴻喜菇·························1/2包
甜椒（紅）······················1/8個
細蔥··························2根
米····························300g
（洗好後浸泡在400㎖的水中）
A ┌ 大蒜（切碎末）·············1瓣
  └ 橄欖油···················1大匙
B ┌ 白醬油···················1大匙
  │ 薄口醬油·················1大匙
  └ 鹽······················1/4小匙

## 作法

**1** 將雞腿肉切成一口大小，竹筍切薄片。鴻喜菇用手剝散。甜椒切成8mm丁狀，細蔥切成蔥花。

**2** 在**陶瓷料理深鍋**中放入 **A**，將火力調至（**LOW**）。等大蒜炒出香氣之後，將火力調至（**HI**），依序放入雞肉、竹筍、鴻喜菇拌炒，炒出焦色之後取出放在盤子上。

**3** 將事先泡水的米連同水放入 **2** 的陶瓷料理深鍋中，加入 **B**，以（**HI**）煮至冒出蒸氣後，將火力調至（**LOW**），共加熱15分鐘。

**4** 加入紅椒之後蓋上鍋蓋，燜5～10分鐘，享用之前再撒上蔥花。

# 蘆筍明太子豆漿烏龍麵

以辛辣的明太子及溫和的豆漿搭配而成的美味組合。
將醬料事先混合好,最後再拌入烏龍麵中,吃起來就不會乾乾的。

## 材料(2人份)

蘆筍……………………………………4根
洋蔥……………………………………1/2個
烏龍麵…………………………………2球
A ┌ 明太子……………………………2條
　│ 豆漿……………………………100㎖
　└ 白醬油…………………………1小匙
橄欖油…………………………………1大匙
海苔絲…………………………………適量

## 作法

**1** 用刨刀把蘆筍根部的硬皮削掉,再斜切成段狀。將洋蔥切成薄片。

**2** 將明太子從外膜中取出,放入缽盆中,加入其餘的**A**攪拌混合。

**3** 在**平面烤盤**中倒入橄欖油,以(**MED**)加熱,放入蘆筍及洋蔥拌炒。

**4** 炒熟之後加入烏龍麵,再放入**A**把整體拌勻,最後撒上海苔絲。

┌─── 使用大尺寸電烤盤製作時 ───

將材料改成以下分量製作(3人份)。蘆筍6根、洋蔥3/4個、烏龍麵3球、
**A**(明太子3條、豆漿150㎖、白醬油1/2大匙)、橄欖油1大匙、海苔絲適量

# 迷你雞蛋糕

原味、可可、抹茶3種不同口味的Q彈雞蛋糕。
搭配不同的配料做組合,
便可享受到各式各樣的風味。

## 材料(4人份)

| A | | | | | |
|---|---|---|---|---|---|
| 低筋麵粉 | 100g | | 奶油 | 10g |
| 泡打粉 | 1小匙 | | 可可粉、抹茶粉 | 各1小匙 |
| 黍砂糖 | 40g | | 沙拉油 | 適量 |
| 鹽 | 1小撮 | | (配料)堅果、蔓越莓等果乾、香 |
| **B** | | | | 蕉 | 各適量 |
| 蛋 | 1個 | | | |
| 豆漿 | 100㎖ | | | |

## 作法

1 將**A**過篩後攪拌混合。

2 在缽盆中放入**B**攪拌混合。將**1**分成2～3次加入,再加入融化的奶油。

3 將**2**分成3等分。其中一份加入可可粉,另一份加入抹茶粉,分別用茶篩篩入麵糊中攪拌混合,製成3種口味(另一種口味是原味)。

4 在**章魚燒烤盤**的孔洞中倒入沙拉油,用廚房紙巾薄薄地塗抹開來,倒入**3**的麵糊之後,可依喜好放上配料。將火力設定在(**LOW**)～(**MED**)加熱3～5分鐘,等表面開始冒泡後用湯匙翻面,繼續烤3分鐘左右。

# 豆沙捲

薄薄的Q軟餅皮中包著紅豆沙和當季水果。
口感清爽的水果，讓人感覺可以吃下好幾個！

**材料**（3～4人份）

| | |
|---|---|
| 紅豆沙 | 240g |
| 草莓 | 8個 |
| 白玉粉 | 30g |
| 水 | 100㎖ |
| A ｛低筋麵粉 | 20g |
| 黍砂糖 | 10g |
| 沙拉油 | 1/2大匙 |

＊可以將草莓換成其他喜歡的水果。

**作法**

1 將紅豆沙分成16等分，揉成細長條狀。草莓縱切一半。
2 在白玉粉中加入一半分量的水，攪拌均勻。攪拌至沒有結塊之後加入**A**，再加入剩下的水繼續攪拌混合（餅皮16片份）。
3 在**平面烤盤**中倒入沙拉油，將火力調至（**LOW**），烤盤變熱之後用湯匙舀取**2**倒入烤盤中，抹成薄薄的小橢圓片，煎到熟透為止。
4 將紅豆沙及草莓放在其中一半的餅皮上，再覆蓋上另一半的餅皮。

# 南瓜饅頭

用南瓜自然的風味做成減醣甜點。
最後可以加入一點點醬油提味。

## 材料（3～4人份）

南瓜（果肉淨重）························300g

A
┌ 太白粉····················40～50g
│ （南瓜水分較多的話，可以多加一
│ 點太白粉做調整）
│ 砂糖····························30g
└ 鹽····························1小撮

奶油····························10g

B
┌ 砂糖、味醂、酒········各1小匙
└ 醬油····························2小匙

南瓜籽····························適量

## 作法

1 將南瓜去皮之後，切成一口大小。

2 將南瓜水煮或以微波爐蒸至柔軟的狀態，趁熱用壓泥器搗成泥狀。接著加入 **A** 攪拌混合，分成10等分。

3 在**平面烤盤**中放入奶油，將火力調至（MED）加熱融化奶油，接著放入**2**，蓋上鍋蓋煎3～5分鐘，翻面後再蓋上鍋蓋，繼續煎3～5分鐘。

4 加入混合好的 **B**，將整體拌勻，最後在頂部插上南瓜籽。

# \ 食譜種類一口氣增加！/
# 使用選購配件製作的
# BRUNO多功能電烤盤食譜

**BRUNO多功能電烤盤的選購烤盤及鍋具種類十分豐富！**
**要不要嘗試選購喜歡的配件，挑戰和平常不一樣的料理呢？**

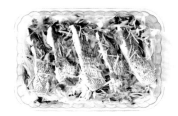

## 1道料理2種享受，帶給你滿滿的海鮮滋味
# 清蒸海鮮及起司燉飯

使用雙層
料理蒸隔

BRUNO推廣大使 大石亞子小姐（調理師・料理家）

**材料**（雙層料理蒸隔1個份）

〈清蒸海鮮A〉
鯛魚（切片）⋯⋯⋯⋯⋯⋯⋯⋯⋯⋯4片
青江菜⋯⋯⋯⋯⋯⋯⋯⋯⋯⋯⋯⋯2株
長蔥⋯⋯⋯⋯⋯⋯⋯⋯⋯⋯⋯⋯⋯1根
薑（切絲）⋯⋯⋯⋯⋯⋯⋯⋯⋯⋯2小塊
香菜⋯⋯⋯⋯⋯⋯⋯⋯⋯⋯⋯⋯⋯適量
鹽、胡椒⋯⋯⋯⋯⋯⋯⋯⋯⋯⋯各適量
（接續下頁）

**作法**

＊（清蒸海鮮A）去除鯛魚的硬骨之後，撒上鹽及胡椒。將青江菜切除根部後，用手剝散備用。長蔥則斜切成薄片。
＊（清蒸海鮮B）去除烏賊的內臟之後，將身體切成圈狀。蛤蜊吐沙備用。檸檬切成瓣狀。

**1** 〈清蒸海鮮A〉將青江菜及長蔥鋪在**雙層料理蒸隔（上蒸隔）**，放上鯛魚片之後，撒上薑絲、鹽、胡椒。
〈清蒸海鮮B〉將所有材料放入**雙層料理蒸隔（下蒸隔）**，撒上鹽及胡椒。

（接續下頁）

〈清蒸海鮮B〉

蝦子 6尾
烏賊 2隻
蛤蜊 15個
檸檬 1個
檸檬草 2～3根
鹽、胡椒 適量

〈起司燉飯〉

白飯 2小碗
披薩用乳酪絲 2杯
黑胡椒、巴薩米克醋（依喜好添加）
 適量

**2** 將**陶瓷料理深鍋**放到主機上，倒入水700㎖（分量外），以（**HI**）加熱。水煮沸後放上雙層料理蒸隔，蓋上鍋蓋，以（**HI**）蒸煮15分鐘。蒸好之後，在上層的食材上撒上香菜。

**3** 〈**起司燉飯**〉取下雙層料理蒸隔後，將白飯放入陶瓷料理深鍋中攪拌混合，以（**MED**）加熱。煮沸後加入乳酪絲，乳酪絲融化之後撒上黑胡椒。清蒸海鮮及起司燉飯都可依喜好沾取巴薩米克醋品嚐。

---

## 1個烤盤4種味道！
# 早安餐盤

使用六格式料理盤

BRUNO推廣大使 kei先生（料理研究家）

### 材料（2人份）

〈蔓越莓馬芬〉

A
鬆餅粉 100g
蔓越莓果乾 15g
蛋 1個
牛奶 1大匙
橄欖油 1小匙
粗粒玉米粉 適量

〈迷迭香薯塊〉

馬鈴薯 1個
迷迭香 1根
橄欖油 1大匙
鹽、胡椒 各適量

〈培根捲卜派蛋〉

培根切片 2片
蛋 2個
菠菜 適量
鹽、黑胡椒 各適量

〈楓糖番茄蜂蜜堅果醬〉

綜合堅果 50g
小番茄 3個
楓糖漿 1大匙
蜂蜜 2大匙
醬油 1小匙

※挖除馬鈴薯的芽眼後切成4等分。將迷迭香切成適當的大小。
※將培根縱切一半會比較好包捲。菠菜切成5㎝寬。

### 作法

**1** 〈**蔓越莓馬芬**〉將**六格式料理盤**放到主機上，在其中2格均勻地抹上適量的橄欖油（分量外），再撒上粗粒玉米粉。將 **A** 放入缽盆中充分攪拌混合之後，均勻地倒入烤盤中，以（**WARM**）加熱。

**2** 〈**迷迭香薯塊**〉將所有材料放入其中1格拌炒。

**3** 〈**培根捲卜派蛋**〉將菠菜分別放入其中2格拌炒，沿著邊緣捲好培根，各打入1個蛋。撒上鹽及黑胡椒。

**4** 〈**楓糖番茄蜂蜜堅果醬**〉將所有材料放入其中1格，一邊熬煮一邊攪拌，使醬料稍微變濃稠。

**5** 等**1**的底部烤熟，在上面撒點粗粒玉米粉後翻面，將火力調至（**LOW**），加熱至完全烤熟。

---

## 同時享受到酥皮及鬆餅2種美味！
# 香酥濕潤的
# 水果蛋糕

使用六格式料理盤

BRUNO工作人員

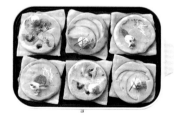

### 材料（6個份）

A
鬆餅粉 200g
牛奶 200㎖
酥皮
 2片（置於常溫下解凍）
低筋麵粉 適量
喜歡的水果（鳳梨、蘋果、奇異果、藍莓等） 各適量

裝飾配料（鮮奶油、粉紅胡椒、椰子絲、杏仁、薄荷葉、糖粉、茴芹、肉桂粉、肉桂等）
 各適量

※將A攪拌混合（麵糊）。
※在砧板撒上低筋麵粉，將酥皮擀開後，切成6等分。

### 作法

**1** 將**六格式料理盤**放到主機上，以（**MED**）加熱。將喜歡的水果切好，放入料理盤的格子中，再倒入混合好的**A**麵糊。煎到表面開始冒泡後蓋上鍋蓋，加熱3分鐘左右再取出。

**2** 將酥皮鋪在六格式料理盤的格子中，以（**MED**）煎烤5分鐘左右。

**3** 將**2**煎好的那一面翻過來，再放上**1**，蓋上鍋蓋加熱5分鐘左右，最後再依喜好放上裝飾的配料。

肉類和蔬菜的超美味組合！

# 骰子牛肉
# 佐酪梨番茄BBQ

使用燒烤波紋煎盤

BRUNO推廣大使 大皿彩子小姐（骰子食堂株式會社、Alaska zwei店主）

## 材料（3人份）

牛腿肉 ·························· 300g
小番茄 ···························· 適量
酪梨 ······························ 適量
其他喜歡的食材（櫛瓜、蘑菇、甜椒等）
································ 各適量
鹽、胡椒 ·······················各適量
A ┌ 巴薩米克醋 ·················· 4大匙
  │ 紅酒 ···························· 4大匙
  │ 醬油 ·························· 2大匙
  └ 蜂蜜 ·························· 1大匙
無鹽奶油 ························· 20g
黑胡椒 ···························· 適量

## 作法

1 處理食材。將牛腿肉、酪梨、其他喜歡的食材切成方便入口的大小。摘除小番茄的蒂頭。將材料串在鐵籤上，撒上鹽及胡椒。

2 將**A**倒入耐熱容器中混合均勻。

3 將**燒烤波紋煎盤**放到主機上，以（HI）加熱。放上**1**、**2**把食材烤出焦色。將**A**煮到酒精揮發、出現濃稠感時加入奶油，再以黑胡椒調味（醬料）。

4 將食材從鐵籤上取下，依喜好淋上醬料品嚐。也很推薦把牛肉、酪梨、小番茄疊在盤子上，淋上醬料的吃法。

---

＼ 烤盤之外也有很多選擇！ ／
# 選購配件一覽

**六格式料理盤**

共分成6格圓形，可以一次製作多種料理。用來當作米漢堡及鬆餅等的模具也很方便。

**燒烤波紋煎盤**

能將肉類及蔬菜、魚類等煎烤出美味。除了可以瀝除多餘的油脂外，還能烤出漂亮的紋路，讓人食慾大增。

**雙層料理蒸隔**

可享受真正的清蒸料理。上下2層的設計，可以使用1層也能使用2層。
※需搭配「陶瓷料理深鍋」使用。

**裝飾旋鈕**

讓多功能電烤盤看起來更可愛的動物造型替換旋鈕。共有魚、蝦、雞、豬、羊5種。可配合當天使用的食材替換，享受裝飾的樂趣。

**玻璃蓋**

可以確認烹調狀態的透明耐熱玻璃蓋。高度較一般的鍋蓋更高，可以放入較深的烤盅及較大的食材。

**支架旋鈕**

只要將手柄替換成這個配件，常常找不到地方擺放的鍋蓋就能夠直接立在桌面上了！

料理

**黃川田としえ**（序章、PART1）

料理家・食物造型師。從事有關食譜開發、調理、造型設計等工作，在雜誌及廣告等領域均有十分活躍的表現。同時也積極地籌辦食育活動，成立了以家庭為對象的工作坊「tottorante」。

**阪下千惠**（PART2）

料理研究家・營養師。曾任職於大型外食企業，以及無農藥、有機蔬菜、無添加食品的宅配公司，之後便獨立活動。從事書籍、雜誌、企業推廣產品用的食譜開發，以及食育相關講座等多種工作，也有開辦少人數的料理教室。

**柴田真希**（PART3）

料理研究家・管理營養士。除了電視、雜誌等媒體活動外，也有參與食品製造商及餐飲店等的菜單開發與設計。現任e-Mish株式會社及Love Table Labo.料理工作媒合平台的負責人。

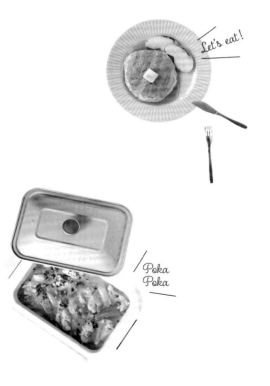

**監修者**

**IDEA INTERNATIONAL CO., LTD.**

以豐富人們的生活方式為目的，進行原創品牌的企劃、開發、銷售。負責的品牌有廚房及生活雜貨的「BRUNO」、旅遊雜貨的「MILESTO」、有機美妝的「Terracuore」等。

**Company**：CHICONY ELECTRONICS CO., LTD.
**BRUNO Taiwan URL**：https://www.bruno.com.tw
**Customer Service TEL**：080 082 8772
**BRUNO FB**：https://www.facebook.com/brunostyle.tw/

※ BRUNO為IDEA INTERNATIONAL CO., LTD.註冊之商標（商標註冊第5644538號）。
※ 刊載商品是本書製作時所銷售的商品，可能會有店家沒有販售或庫存不足的情況。此外，商品樣式也有變更的可能。敬請見諒。

**日文版工作人員**

| | |
|---|---|
| 造型 | 片野坂圭子（PART2）、佐藤繪里（PART3） |
| 照片 | 横田裕美子、奥村亮介（PART3） |
| 封面・內文設計 | NILSON design studio<br>（望月昭秀、境田真奈美） |
| 校閱 | 高橋純子 |
| 編輯 | 株式會社童夢 |
| 攝影協力 | UTUWA |

**BRUNO HOTPLATE MAHO NO RECIPE**
© NIHONBUNGEISHA 2019
Originally published in Japan in 2019 by NIHONBUNGEISHA Co., Ltd.
Chinese translation rights arranged through TOHAN CORPORATION, TOKYO.

操作簡單×清洗容易，一台搞定所有菜色！

# BRUNO
# 多功能電烤盤
# 100道料理

2020年1月 1 日初版第一刷發行
2022年5月15日初版第五刷發行

| | |
|---|---|
| 監 修 者 | IDEA INTERNATIONAL CO., LTD. |
| 譯 者 | 徐瑜芳 |
| 副 主 編 | 陳正芳 |
| 發 行 人 | 南部裕 |
| 發 行 所 | 台灣東販股份有限公司 |
| | ＜地址＞台北市南京東路4段130號2F-1 |
| | ＜電話＞(02)2577-8878 |
| | ＜傳真＞(02)2577-8896 |
| | ＜網址＞http://www.tohan.com.tw |
| 郵 撥 帳 號 | 1405049-4 |
| 法 律 顧 問 | 蕭雄淋律師 |
| 總 經 銷 | 聯合發行股份有限公司 |
| | ＜電話＞(02)2917-8022 |

國家圖書館出版品預行編目資料

BRUNO 多功能電烤盤 100道料理：
操作簡單 × 清洗容易，一台搞定所有菜色！/
IDEA INTERNATIONAL CO., LTD. 監修；
徐瑜芳譯 . -- 初版 . -- 臺北市：
臺灣東販，2020.01
128面；18.2×23.5公分
譯目：BRUNO ホットプレート魔法のレシピ 100
ISBN 978-986-511-219-6（平裝）

1. 食譜

427.1　　　　　　　　　　108020688

TOHAN

Delicious !

Good Smell !

Simply !

Nice
Hot Day !

Let's Party !